獻給無所不能的 J.

沒有你，就不會有這本書

小聚會

68道宴客菜，與朋友在家輕鬆喝很多杯（一杯怎麼夠）

比才——著

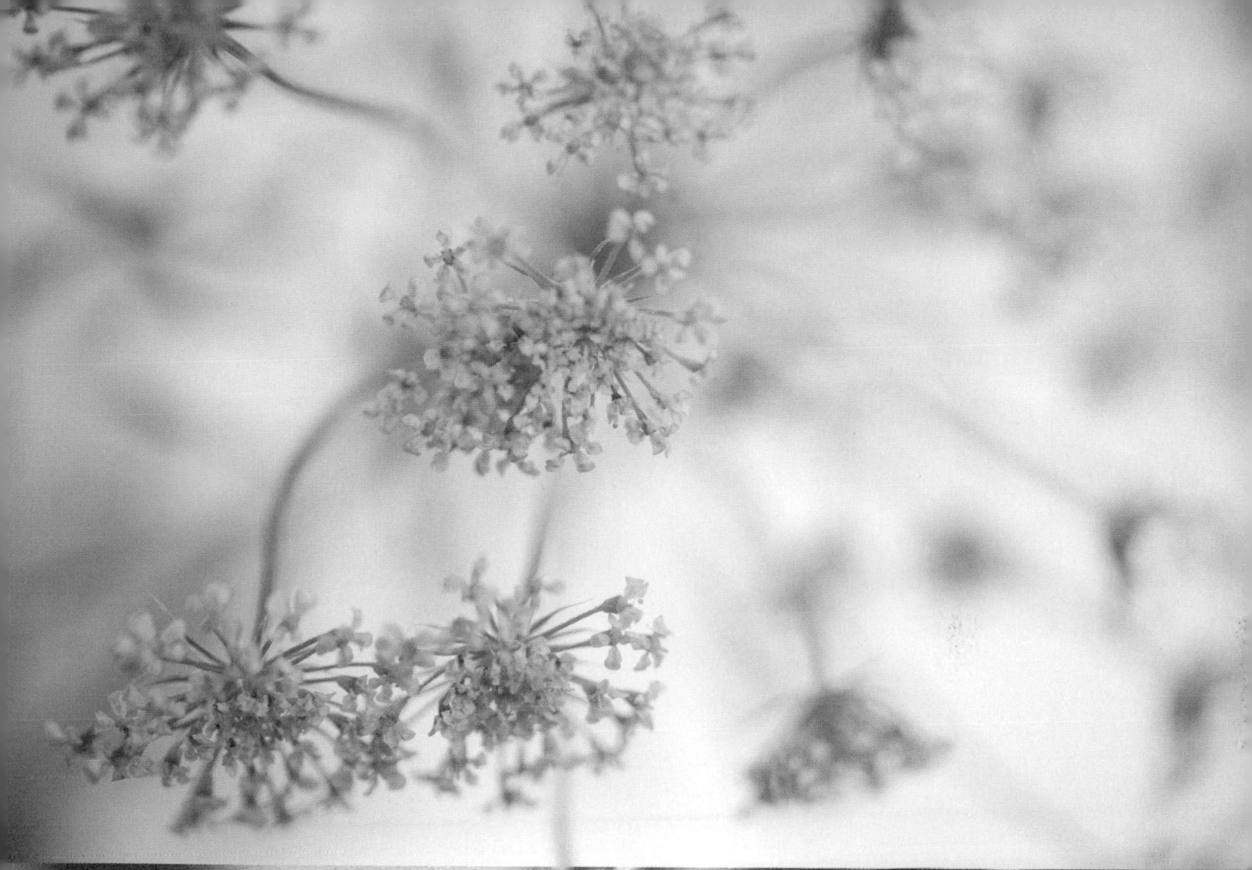

目次

前言 為了與你們相聚，共飲一杯 14

開場・輕盈的氣泡

魔鬼蛋 026
柿餅奶油 028
焦糖醬油堅果 033
鯷魚烤甜椒 034
魚板夾心餅乾 036
洋芋片與明太子酸奶醬 038
小鹹餅乾與絲綢鮪魚醬 043
Bruschetta 義式烤麵包片三品 048
◉櫛瓜與帕梅善乳酪
◉番茄拌甜羅勒
◉奶油海苔醬
＊現成品小單元：鋪排一份醃肉起司盤 053

第一輪酒・清爽酸香

涼菜

薄荷青豆羊奶乳酪沙拉 058
布拉塔乳酪二品 060
◉布拉塔乳酪與柑橘沙拉
◉布拉塔乳酪與大黃瓜沙拉
絲綢乳酪青醬番茄沙拉 064
番茄 carpaccio 066
蒜香橄欖油番茄 068
綠竹筍二品 070
◉綠竹筍刺身
◉鰹魚片拌綠竹筍
和風豆腐海帶芽沙拉 074
甘醋海帶芽拌蝦仁 079
梅香雞絲脆蔬菜 080

雞肝甘辛煮 082
香橙鴨胸火腿 084
明太子金針菇 086
水煮蔬菜佐大蒜蛋黃醬 089
老派明蝦沙拉 092
・・・
熱菜
高湯蒸烤香菇 096
藍紋乳酪烤豆皮 098
山椒燒蛤蜊 100
滷水雞胗 102
*現成品小單元：干貝醬二品 104

第二輪酒・介於白酒與紅酒間

蒜香橄欖油番茄義大利麵 111
綠花椰義大利麵 114
烤茄子義大利麵 116

蕈菇燉飯 122
牡蠣舞菇炊飯 127
三明治二品 130
◉煙燻豬五花三明治
◉花生醬烤雞三明治
蛤蜊花椰菜濃湯 134
日式蔬菜湯 136
餛飩二品 138
◉紅油抄手
◉竹筍餛飩湯
*現成品小單元：蘿蔔糕湯 144

第三輪酒・濃郁深沉

主菜
豬五花二品 150
◉煙燻五花肉
◉醬滷五花肉

白酒橙醬里肌豬肉卷 157
茄汁紅酒燉牛肉 160
白酒奶油芥末燉雞 164
鐵板雞腿 170
給菲菲的北非風燉羊肉 172
奶油煎大干貝佐檸檬香料醬 174
奶油紅醬燴海鮮 176
日式醬煮魚 178

邊盤

檸檬香料烤小洋芋 184
烏魚子芥藍 186
柳橙胡蘿蔔沙拉 188
大蒜鯷魚醬拌溫沙拉 190
紫蘇梅醬番茄 194

過場・清口

酒漬水果 200
哈密瓜琴酒冰沙 202
肉桂檸檬 207

收尾・碗上的一縷白煙

海鮮米粉湯 213
韓式辣牡蠣豆腐鍋 216
清湯素麵 220
海帶芽蛋花湯 224
＊現成品小單元：不要嫌棄泡麵 226

Spirits・一口甜

普魯斯特的瑪德蓮 230
巧克力布朗尼 235
咖啡布丁 241
草莓巧克力 242
芒果果凍 246
烤麻糬 248

最後一杯・午夜後，我們只有彼此

蜜金桔 260
巧克力沙拉米 264

附錄

如何辦一場家宴？ 268
◉設計菜單
◉列出完整待辦清單
◉挑選餐具
◉搭配酒水飲料
◉在客人抵達前一小時換好衣服

本書提到的所有調味料分量，皆供參考，不是絕對，多一匙少半匙也無所謂，因為不同品牌的醬油或不同製法的鹽、不同產區的醋，風味、鹹度及滋味都不同，請大家務必在烹調的各個階段多試幾次味道，漸漸就能找到屬於自己的味道。

1大匙＝15㎖
1小匙＝5㎖

前言

為了與你們相聚，共飲一杯

為什麼會開始在家請客呢？

現代生活中，若是要與朋友、家人聚會聚餐，第一優先的選擇通常是找家適合的餐廳吧？大家已習慣於餐廳相聚，不論是慶生、母親節、孩子滿月、耶誕節、情人節，甚至是年夜飯、初二回娘家，這些生命中重要的節日時刻，大部分的時候，我們都外包給餐廳了。

但這實在再正常不過，現代家庭空間不大、工作忙碌，若是每次聚會都要集合到某一人家中，作東的人必定得花許多時間心力準備、採買、做菜及收拾。一場三小時的聚會，背後可能是兩、三倍以上的時間付出。比起來，訂好一家大家都喜歡的餐廳，打扮優雅、心情自在地赴約輕鬆合理多了。

所以回到開頭那個問題，為什麼會開始在家請客呢？

很多年前，我也是與朋友在餐廳聚會喝酒的一員，但由於我熱愛廚事，又著迷於收藏器皿杯盤，為了煮飯端上桌好看，不知不覺買了很多器皿。為了提高器皿使用頻率，結果就更常做飯，這算是一個良性循環吧（在此敬告常常想阻止另一半買盤子的人們，千萬不要這麼做。美麗的器皿絕對是願意下廚的一大誘因，應該順從地立馬掏卡才是上策）。但兩人吃飯用不上這麼多器皿，用來用去就是那幾個，不如多找幾個朋友來家裡一起吃，才能把精心從國外帶回家的漂亮寶貝都拿出來亮相。

我熱衷於看各種飲食節目，有時看到吸引人的菜色便想學習複製；又或在餐廳吃到某道精采菜餚，心生嚮往，想試著做點變化。想做的菜很多、想試的烹調法或食材更多，但再怎樣我家就只有兩個人，心有餘而胃口不足——所以沒錯，最早會開始在家請客，是為了找朋友一起試菜（與看盤子）。

回想最早開始請客的那一、兩年，我會早早開始想著季節菜單，以一季為單位，推出屬於我的春季菜單、夏季菜單、耶誕菜單……。一定使用季節食材，拿出新入手的器皿，為賓客手寫當天的菜譜，邀請懂吃愛吃也愛喝的朋友來家裡吃飯——重點真的是吃飯。也是從那時開始，我漸漸累積出一些適合請客的菜單，以及很重要的，策畫一場家宴的能力。

翻看當時的料理筆記本，可以看到設計菜單與時間分配的歷程。一開始設計菜單時，只有菜名本身，上手後，則有更多鋪排的思索。比如有意識地將涼菜與熱菜分開，兩者兼有，但先後順序比例不能馬虎。夏天時，一定是由涼到熱，涼多於熱；冬天時，雖然一樣是先涼再熱，但為了讓冒著天寒地凍前來的朋友暖胃，會在一開頭先送上一小杯冒著熱氣、滋味淡雅的高湯，做為開場。

即使多年後的現在回想，當時設計菜單已是細膩。時間分配也是，最早我只會列出所有待辦事項與採買清單，但幾次宴客後，待辦事項已精確到先後順序、提早三天做什麼、提早兩天做什麼、當天做什麼，都列表一目了然。

二〇一九年四月，我辦了一場堪稱我的家宴人生中最高點的宴席。過了那一晚後，倒不是說在家請客的品質或菜餚開始走下坡，而是找到另一種平衡點。

那天宴請旅居日本的友人伉儷，他們飲食經驗豐富，吃了台日許多摘星餐廳及講究老鋪；陪客的另一位朋友也是舌頭刁鑽之人，所以我卯足全力，做出很多道對當時的我來說，有點浮誇的菜。如果做菜有一到十分，平日晚餐我大約用六分，一般宴客大約是九分，而那一晚的每道菜，我都是以十二分在做。以雞肝醬與焦糖無花果組成最中、藏著北海道海膽的豆乳高湯凍、奶油牡蠣佐高麗菜泥等，不論是菜色複雜度、擺盤或器皿的安排，應該都是華麗至極，我想證明我也可以在家做 fine dining。

當然是賓主盡歡，每道菜都成功。但這次家宴後，反而讓我重新思考——所謂的

「家宴」，到底最重要的核心是什麼？是菜、是酒，或者是人呢？

我沒有正確答案。但在我心中，確實，食物的重要性略略減低了。將需要花大把時間烹調的菜色換掉，改為很多道精巧的小菜，做起來不難，但風味豐富的下酒菜。讓來訪的朋友不必正襟危坐，輕鬆自在地以混居酒屋之姿，喝酒吃菜。因為說到底，相聚才是真正的目的。

當然，偶爾請客還是會做當年那些浮誇華麗的手工菜，光是排起來就像一幅畫，但比例減少，自己的壓力也小許多，更能在這樣的聚會中享受彼此的陪伴。或許幾年前，我所摸索的是舉辦家宴的技巧與執行面，我自認掌握得不錯，但翻過二〇一九年四月那個山頭後，看到的景色就不一樣了。

我很喜歡我現在的家宴。比起過去，稍微隨興了些，該講究的還是會講究，但沒那麼執著。找不到的食材就以其他替代，菜單到當天才依市場採買情況定案，器皿不再堅持要一人一套，一道菜與下一道菜間的時間拉長，留多一些時間讓自己坐在桌前與朋友聊天。

似乎又更合理自在了些。

因此，這本書裡所收錄的，就是翻過山頭的這兩年間累積的、那些稍微隨興一點的菜單，其共同的元素是做法不太困難，食材親切與不易失敗——自己吃很好、兩人享用也好、一群人歡樂大吃大喝當然更好。為了方便各位閱讀與查找，整本書的鋪排以「一場晚宴的時光推移與所喝的酒」為主軸。若是你願意從頭開始讀，就能跟著我，從開場的氣泡開胃酒一路喝到甜點酒，再到午夜後的一杯烈酒，或許是一種享受也說不定。

希望各位讀到這裡的時刻，疫情已趨緩，城市再次閃耀發光，我們能再度與家人、朋友相聚，一起喝很多杯。

開場

輕盈的氣泡

陽光不再那麼刺眼的向晚時光，
就是大家開始聚集的時刻。

開胃酒是輕鬆的，立呑為佳。

傍晚之約，眾人三三兩兩進門，也總有人姍姍來遲。剛進門的朋友還正各自在洗手、放包包、遞送伴手禮，或嚷著「好熱好熱冷氣可以開強一點嗎」的混亂時刻，最適合喝一杯開胃酒了。

「啵！」的一聲打開氣泡酒，或奢侈些，偶爾開香檳。氣泡酒單喝可以，但混一點配料或糖漿也好。一回我宴請有著少女心的友人，先在酒杯裡放一撮切成細丁的新鮮草莓和自製草莓糖漿，再倒入prosecco，氣泡酒遇到糖起了化學作用，瞬間高腳杯盈滿粉紅泡泡，草莓漂浮在氣泡上，豔紅淡粉載浮載沉挑動你的心，美。

又或自家釀的果實酒。這幾年我依季節勤勞地泡著各種酒，莓酒、檸檬酒、柑橘酒、李子酒，今年還首度嘗試了草莓酒。對不勝酒力的朋友，那就準備一杯果實酒兌氣泡水，用金色小尖叉串著漬過酒的果實一起送上，甜美得讓你毫無防備，畢竟只要進了我家大門，就沒有滴酒不沾的理由。

我喜歡這樣的開場，不那麼理所當然，以這杯酒為晚餐揭開序幕，將日常感擋在門外——歡迎來到我的宴會場。

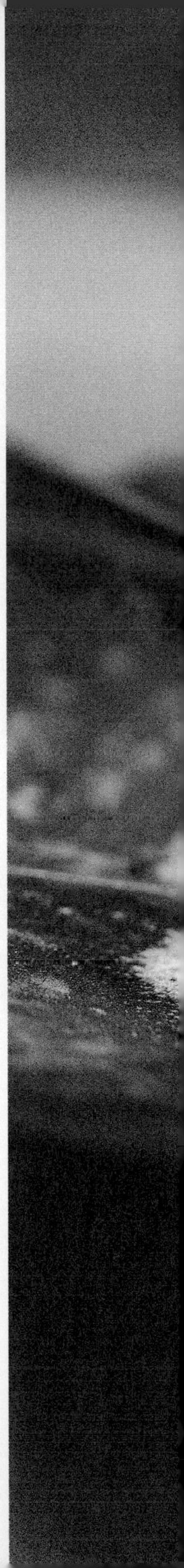

宴客時，往往愈晚上桌的料理卻是愈早準備好的。
甜點的瑪德蓮、配咖啡的手工巧克力、主菜的燉肉，
應該幾乎都早早做好等著吧。

但是像開胃小點這種手指食物，
倒常常掐在朋友進門前的最後一刻才開始組合。

魔鬼蛋、柿餅奶油都是這樣，
現做現食，不能等，
甚至不需要擺盤就該下肚，
所以提早備好材料分別擺好。

當朋友飲下第一口酒入喉，就可以開始動手。

魔鬼蛋

材料

蛋…2顆
美乃滋…1/2大匙
鹽…適量
黑胡椒…適量
酸豆…6、7顆
西班牙紅椒粉…適量

任何可以站起來的蛋都值得你多看一眼，傲然堅挺的純白蛋身，裝滿濃口蛋黃與醬料的混合體，直勾勾地望著你。他在等你。

不知為什麼這道菜被稱為魔鬼蛋？它本身並沒有任何可怕與嚇人之處，魔鬼到底藏在哪裡呢？但如果魔鬼與誘惑劃上等號的話，它倒是當之無愧。這蛋以筷子不好夾，叉子撐不起，最適合的就是以手指輕輕捏起鼓鼓蛋白的兩側，直接整朵入口。它口感濡軟，特別是中間調製過的蛋黃，在舌尖滑呀滑的，交融在你口中。蛋黃向來能做出誘人的醬汁，而在這道菜中，它就是醬汁本體。

做法

1 將蛋煮熟或蒸熟，剝殼後對切（直切或橫切皆可）。由於蛋很滑，放在碟子上站不穩，所以在要放置的那一面削掉薄薄一小塊蛋白，比較好站立。接著小心將蛋黃挖出，放在小碗裡。

2 在蛋黃中加入美乃滋、鹽、黑胡椒、紅椒粉與切成末的酸豆，拌勻後放入備妥花嘴的擠花袋中。

3 在蛋白的凹槽中擠入蛋黃醬，最後在上面撒少許紅椒粉當成裝飾即成。

風味的延長

除了原本的蛋黃拌美乃滋外，如果想要更華麗，可以在上面放鮭魚卵、海膽，做為浮誇的裝飾也更提味。平民版的話，可以在蛋黃中拌入鮪魚罐頭、鯷魚或酪梨泥，風味也很有趣。

柿餅奶油

甜柿盛產於秋天，但柿餅是深冬的嬌客。甜度足的柿子在寒風中自然風乾，表面因而產生薄薄一層粉雪糖霜，甜到心坎。每年到了一月，我就在日系超市或水果進口商中追尋品相好的柿餅，非得吃上幾回才能算是過冬。不過畢竟過甜，這一味嗜甜者極愛，但不喜甜食者，或許連一個都吃不下。

而奶油乳酪能化開甜膩，將整體口感轉為圓潤。餐後配茶很好，放在餐前，搭氣泡酒或同樣甜的果實酒，給那些嗜甜者當開胃菜，我覺得也不失為一個好選擇。

材料

柿餅：數枚（建議用長野市田柿或能登志賀ころ柿）

奶油乳酪：每顆柿餅配10－15g左右

做法

將柿餅橫剖切開，把奶油乳酪填入其中即可。有些柿餅有籽，盡量將它們去除，吃起來比較方便。

開胃小菜有時是為了開啓味蕾，促進食欲，
讓人不自覺胃口大開，吃下更多的食物，所以常常帶點酸；

但在我家，我總是希望大家能不自覺喝下更多的酒，
因此常準備各種讓人一口接一口停不下來的食物，
而這食物又非得配酒不行，無限循環。

說到底，
來到我家，就要有吃飽喝滿的心理準備。

焦糖醬油堅果

一回宴客，我做了一大盤焦糖醬油堅果，鋪在琺瑯盤裡放涼，就隨手擱在中島，沒特別管它。直到我發現一位朋友每次經過中島，都揀幾顆來吃，因此那盤堅果消失得很快。這是我第一次意識到，這堅果可能沒有我想像的那麼簡單，真的有人會一顆接一顆吃個不停。

焦糖裹在堅果上，剛起鍋時熱，沾手黏牙，但冷藏後香脆，不同溫度為同一樣食材帶來如此不同的口感。冰涼時單吃下酒，溫熱時鋪在小餅乾上，再添小塊奶油乳酪，是另一番滋味。

材料

無調味綜合堅果（腰果、核桃、杏仁果）…100g
細白砂糖…60g
醬油…10㎖
味醂…5㎖

做法

1 在平底鍋中煮焦糖，不用加水，直接乾鍋中小火煮細白砂糖，糖會自己慢慢融化。煮到糖皆化開轉為金黃色時，放入堅果，再倒入醬油與味醂，快速拌勻。

2 堅果都沾上焦糖醬後，倒出來平鋪於盤子上，盡量不要重疊，冷卻後再放進冰箱冷藏。冷藏至焦糖凝結，剝開即可享用。

3 冷藏保存為佳。

鯷魚烤甜椒

這道菜其實是伊麗莎白・大衛（Elizabeth David）的食譜，但我實在太常做了，常做到我幾乎以為是我自己的配方，但其實不是。在書裡介紹別人的食譜感覺有點偷懶，但真的很美味，希望大家都能試試。

甜椒有一股特有的椒味，很多人不愛，我其實也是。但以鯷魚及奶油烤過後，椒味被沖淡了，入口的第一個感覺是鹹味，但愈咀嚼愈能吃到水果般的甘甜，不敢吃椒的人也絕對吃得下。

——多說一點

這道菜可冷食也可熱食，但放涼靜置幾小時，讓味道自然融合，比熱食更為美味。

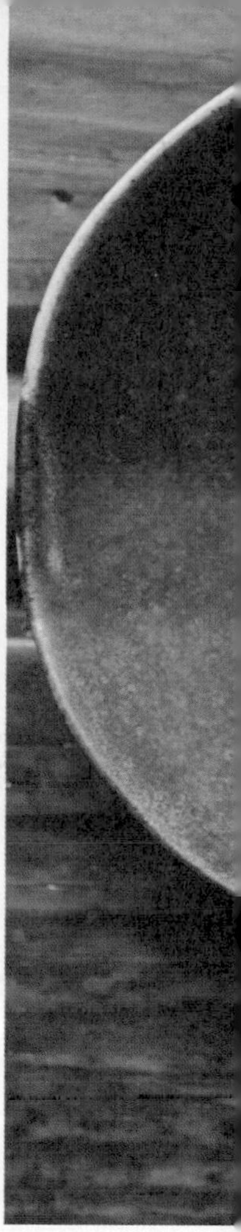

材料

迷你彩色水果甜椒：5顆
油漬鯷魚：3－4條
大蒜末：1大瓣分
半乾小番茄：約10瓣
奶油：大約20g
橄欖油：適量
鹽、胡椒：適量

做法

1 烤箱預熱到170度，鯷魚切小塊，甜椒對切，去掉籽及內膜。
2 在每一塊甜椒內放入一小撮蒜末、一小塊鯷魚、一瓣半乾小番茄、一小塊奶油，以鹽、胡椒調味，再淋上橄欖油。
3 送入烤箱烤15分鐘左右即可。

魚板夾心餅乾

這當然不是把魚板夾進餅乾裡的那種夾心餅乾。

有些日本居酒屋裡可以點到一種下酒菜——魚板，吃法很簡單，就是把魚板切片，放一小撮山葵一起上桌。這看起來是很偷懶的下酒菜，但對於忙碌的居酒屋來說，這是客人一坐下來就能在五分鐘內上桌的菜色，是很好的第一輪下酒菜。若是真的用魚漿用心製成的魚板，冰冰涼涼，不論與日本酒或啤酒都極搭。

我的靈感就來自於此，只是稍加變化，把魚板切開，夾些配料進去提升它的層次。

材料

日本魚板⋯1/2條

紫蘇葉⋯2片

日式梅干⋯1顆

明太子美乃滋⋯少許

做法

1 將魚板切成1公分左右的厚片，中間再切一深刀，但不要切斷；紫蘇葉洗淨對切；梅干去籽後，將梅肉切成泥狀。

2 魚板可用烤的，或用乾鍋煎，煎烤過後夾入紫蘇葉，有的填入明太子美乃滋，其他的填入梅干泥。

風味的延長

◆ 明太子美乃滋可以買現成的，也可以用明太子拌入美乃滋中，貨真價實，風味會更鮮明。而除了這裡介紹的兩款外，也可以夾入海膽醬、海苔佃煮（食譜見50頁）、奶油乳酪、金山寺味噌等，大家可以多方嘗試。

洋芋片與明太子酸奶醬

洋芋片總是給人垃圾食物的印象，但配上沾醬後的洋芋片，其美味應該足以洗刷它的汙名。洋芋片通常偏鹹，而過鹹或過甜（看看前面的甜柿餅）的食材，往往非常適合搭配奶香，這裡就首推酸奶上場。

材料

喜歡的洋芋片（口味盡量單純）… 1包
酸奶（sour cream）… 50 g
明太子… 半條
紫蘇葉… 2－3片
檸檬汁… 3－4滴
鹽、黑胡椒… 各1小撮

做法

1 紫蘇葉洗淨切成細末；明太子的外層是薄薄的膜，從中間劃開，以刀將所有卵都刮下來，膜不食用。
2 拿一個小碗，放入酸奶、紫蘇末、明太子、檸檬汁，拌勻後試一下味道。有的明太子較鹹，就不需要太多鹽，若是不足再加，也可放一點黑胡椒增香。
3 拿洋芋片沾醬吃（小心一大包很快就吃完了……）。

The
PREMIUM
MALT'S
秋〈香る〉エール
2019
芳醇でフルーティ

小鹹餅乾
與絲綢鮪魚醬

自家製的極致就是什麼都自己動手做，懶人如我當然不可能做到。

不過，這款簡易的餅乾人人可做，更極端點地說，人人都該備一份這樣的麵團在冷凍庫，隨時可烤來下酒（配茶也可以啦）。烤好的餅乾單吃略顯乏味，那感覺像在充饑，不是下酒，做一點沾醬一起吃剛剛好。除了這裡介紹的絲綢鮪魚醬之外，前面沾洋芋片的明太子酸奶醬也適合，這兩道菜完全可以交叉搭配，一起上場。

材料

餅乾

中筋麵粉…100g
奶油…180g
冷開水…45g
鹽…5g

絲綢鮪魚醬

油漬鮪魚罐頭…50g
橄欖油…約30-40㎖
鹽、黑胡椒…各少許
酸豆…7-8顆
檸檬汁…1/4顆分量

做法

餅乾

1 奶油於室溫中放軟，以手指能輕鬆壓下的程度；在量杯中放入冷開水與鹽，攪拌讓鹽融化。

2 在大缽中倒入過篩的麵粉與放軟的奶油，用橡皮刮刀邊切邊拌，將奶油與麵粉大致上整成一團，接著再倒入鹽水，一樣繼續切拌，將麵團揉成一球。

3 拿一大張保鮮膜，放入麵團，略為壓平並包緊，冷藏一晚或至少4小時。

4 將麵團取出，將包著的保鮮膜打開，麵團放正中間，上面再蓋上一張新的保鮮膜，以擀麵棍在保鮮膜上將麵團擀開。擀到大約0.5公分厚時，將麵團拿進冰箱冷凍20分鐘。

5 拿出冷凍裡的麵皮，以餅乾模或刀切成想要的形狀，送進烤箱以170度烤30-35分鐘，或烤到表面金黃酥脆即可。

絲綢鮪魚醬

1 在容器中放入油漬鮪魚罐頭（含油）、酸豆、少許鹽、胡椒與檸檬汁，以手持攪拌棒打到大致均勻成醬狀，再視情況加入橄欖油。因為已加入罐頭內的油，所以橄欖油不一定要加到足，打到滑順即可。

2 試試味道，再看看是否需要補調味或檸檬汁。

風味的延長

起司酥餅與咖哩酥餅

◆ 同樣的麵團送進烤箱，烤大約20分鐘後拿出來，在餅乾表面刷上一層薄薄的蛋液，接著撒上大量的帕梅善乳酪與一點黑胡椒，再放回烤箱續烤12－13分鐘即可。如果想為餅乾增加一些香料味，也可在麵團中添加10克左右的咖哩粉。

—— **多說一點**

鮪魚醬以密封容器裝好，表面淋上完整一層橄欖油（分量外），冷藏可保存3-5天，盡快吃完風味較佳。

一般來說我不會在宴席的前半場送上澱粉，
大家年紀大了，酒可以多喝但澱粉絕不能多吃，
飽得快不用說，累積在肚皮上可不妙。

但義式烤麵包片是例外，
它全身上下散發獨特的義大利印記，
帶領餐桌上的眾人走向各自記憶中的托斯卡尼豔陽下。

任何造訪過托斯卡尼的旅人，
誰沒有吃過烤麵包片呢？

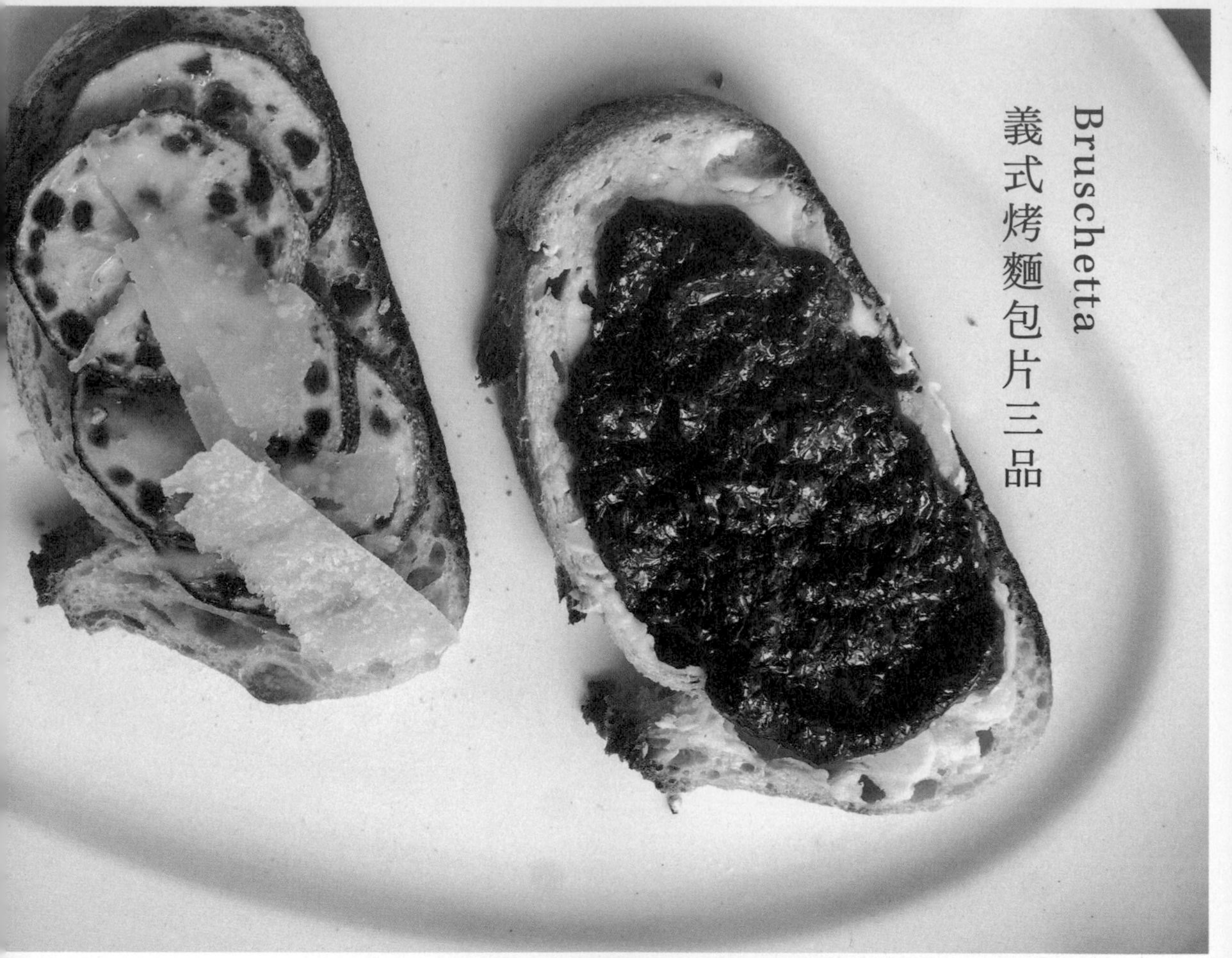

Bruschetta 義式烤麵包片三品

義大利人不知是否食量比別人大？曾經在佛羅倫斯點bruschetta當開胃菜，上桌卻是一人一大盤各三種口味的烤麵包片，嚇了我們一大跳，再三確認這是一人份一盤嗎？

義大利會用鄉村麵包或拖鞋麵包切片來做，所以做起來面積分量不小，我還是想盡量減少澱粉量，於是改用法棍，小小一片，兩口完食，這樣比較剛好。

櫛瓜與帕梅善乳酪

材料

麵包片
（拖鞋麵包、法棍或鄉村麵包）…數片
櫛瓜…1根
帕梅善乳酪…適量
海鹽…適量
黑胡椒…適量
初榨橄欖油…適量
大蒜…1瓣

做法

1 櫛瓜切片，以橄欖油兩面略煎。當表面開始冒出水氣時，就可以翻面了，以鹽、黑胡椒調味。

2 在烤過的麵包片上，以大蒜抹一抹表面再淋一點橄欖油，將櫛瓜片鋪上，削幾片帕梅善乳酪疊上即可。

番茄拌甜羅勒

材料

麵包片（拖鞋麵包、法棍或鄉村麵包）：數片
小番茄：8-10顆
甜羅勒或其他喜歡的新鮮香草：8-9葉
初榨橄欖油：適量
鹽、黑胡椒：少許

做法

1 番茄切細丁，甜羅勒切細末。
2 在小碗中將番茄丁與羅勒末拌在一起，並加入橄欖油、鹽與黑胡椒。
3 在烤過的麵包片上，以大蒜抹一抹表面再淋一點橄欖油，堆上番茄羅勒即可。

奶油海苔醬

材料

麵包片（拖鞋麵包、法棍或鄉村麵包）：數片
奶油：適量
全張海苔：7-8張
高湯醬油：30ml（市售沾麵露即可）
清水：200ml　味醂：20ml
醬油：20ml　砂糖：20g

做法

1 煮海苔佃煮。鍋中倒入所有液體醬料、清水與砂糖，煮滾後轉小火。
2 將海苔撕成小片小片狀，放入醬汁中，不時攪拌，以湯匙按壓讓它變成糊狀。試味道，煮到收汁，海苔也轉為濃稠的糊狀即可。
3 麵包片烤過後，先抹上奶油，再塗滿海苔佃煮。

—— 多說一點

海苔佃煮就是一般說的海苔醬，外頭的現成品多半偏鹹，自己煮比較能掌握鹹淡，也可以視喜好加入梅干或辣椒同煮，做成梅香海苔佃煮或辣味海苔佃煮。煮好後放入密封罐冷藏能保存兩星期，抹麵包、配飯、配粥或加在茶碗蒸上都非常美味。

現成品小單元

鋪排一份醃肉起司盤

一盤綜合冷肉、醃肉與起司的拼盤，就是最簡單的開胃菜了。種類不需多，任何放在同一個盤子一同上桌的菜餚，都必須能彼此搭配，所以與其種類繁多，讓大家看得眼花撩亂、不知從何下手，倒不如精選兩種肉類、一種起司，守著二加一大於三的配法，最多再備一點新鮮水果、果乾及堅果就可以了。

第一輪酒

清爽酸香

夜色降臨，眾人落座，舉杯互道健康，
此時，他們對今晚將發生的一切，仍是一片未知。

第一輪酒不能厚重，首選清香。

這支酒最好是清爽、帶明亮果酸的白酒，或是花蜜與莓果氣息的粉紅酒，若要喝日本酒，也務必選馨香型的。在味覺的旅程上，在此還未到達高峰，仍在慢慢推進中。所以香氣，應該是這輪的關鍵字。

為每一只酒杯注入亮晃晃的白酒，菜餚也跟著上桌了。

做為開啟一頓晚餐的前菜，應該要輕巧、細膩、滋味豐富但不重口味，要能引起眾人對後續餐點的期盼，也要讓賓客讚嘆主人的手藝。若你覺得，一頓餐點中安排一道花俏、華麗、表演式的菜餚是必要的，那麼前菜或甜點就是你的舞台，讓人印象深刻的總是開頭或結尾，晚餐當然也是如此。

一道設計精美的前菜是給朋友稱讚主人的好機會，不只稱讚餐點美味，也不只是稱讚酒與菜搭得好，更要稱讚這整桌菜怎麼這樣美不勝收，怎麼能夠這麼浮誇（這絕對是讚美）！做不到這一點的客人，下次別邀請他。

前菜應有涼有熱，若是菜色多樣，那就先冷後熱，分成兩批上桌，讓胃慢慢感受溫度的上升；若是盛夏宴客，不耐吃太多熱菜，不如就全上涼菜。宴席來到這裡，我想，不論主人或客人，對於今晚酒菜的呈現，心中應該很篤定了吧。

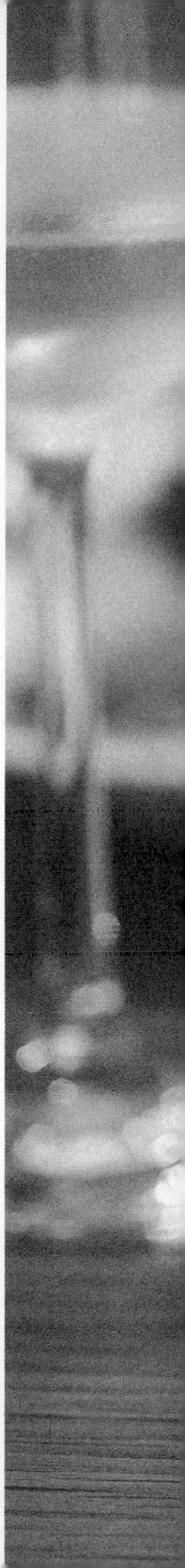

前菜，在比較老派的中餐裡，有時被稱為「頭盤」，
頭盤是餐廳的試煉。
一家餐廳的頭盤若是做得精采，
那麼對他的主菜、湯品、甜點就可以期待；
若連頭盤都做不好，或許可以起身走人了。

在家宴客也是如此，
主菜可以普通，
但前菜一定要誘人。

薄荷青豆羊奶乳酪沙拉

滿是春意的一盤，一出場就點亮餐桌。

義大利的傳統做法裡是用甜豌豆，以豌豆的脆甜搭配鹹香、口感有點沙沙的羊奶乳酪。台灣的春天到夏天各種豆類繽紛，只用豌豆可惜，毛豆、甜豆仁，甚至皇帝豆都能用，煮過的毛豆與皇帝豆有時有種悶悶的味道，配上薄荷的香氣就能提亮了。

材料

甜豌豆仁…50g
毛豆或皇帝豆…50g
新鮮薄荷葉…1把
Pecorino羊奶乳酪…1塊
鹽、黑胡椒…少許
初榨橄欖油…3大匙
檸檬汁…1小匙
白酒醋或雪莉酒醋…1小匙

做法

1. 先調製沙拉醬。在小碗中倒入初榨橄欖油、檸檬汁、酒醋，攪拌均勻，攪到醬汁乳化為止，以鹽和黑胡椒調味。
2. 燒一鍋滾水，水滾加鹽（分量外），將豆類燙熟。燙好後撈起放涼，也可沖冷水讓它們快速冷卻。
3. 在盤中放入剝開的薄荷葉，再隨興鋪入幾種豆子，淋上醬汁、撒少許鹽，最後以刮刀磨幾片羊奶乳酪即成。

—— **多說一點**

不同豆類不能一起入鍋燙，因為所需的時間不同。以皇帝豆、毛豆與豌豆來說，一定是皇帝豆先下鍋，煮4分鐘後再放毛豆，再煮2分鐘後才放豌豆，1分鐘後就可以全部撈出。

布拉塔乳酪二品

一刀劃下，奶白汁液汩汩，這畫面怎麼能不誘人？

布拉塔是我心中最完美的乳酪，潔白、嬌嫩、多汁、胖鼓鼓且乳香四溢，不論是憑長相或是憑內在，都完美極了。經典吃法是直接淋上初榨橄欖油，點綴少許粗鹽片，不加太多調味，就能吃到很純粹的味道，不過搭其他食材也不輸單吃。

把刀叉交給手勁最穩的那個人，請他負責剖開這顆白胖胖的乳酪，讓它汁液留了滿盤；準備少許麵包，讓大家把盤子上的乳汁、醬汁、橄欖油統統擦乾淨，一點不留。

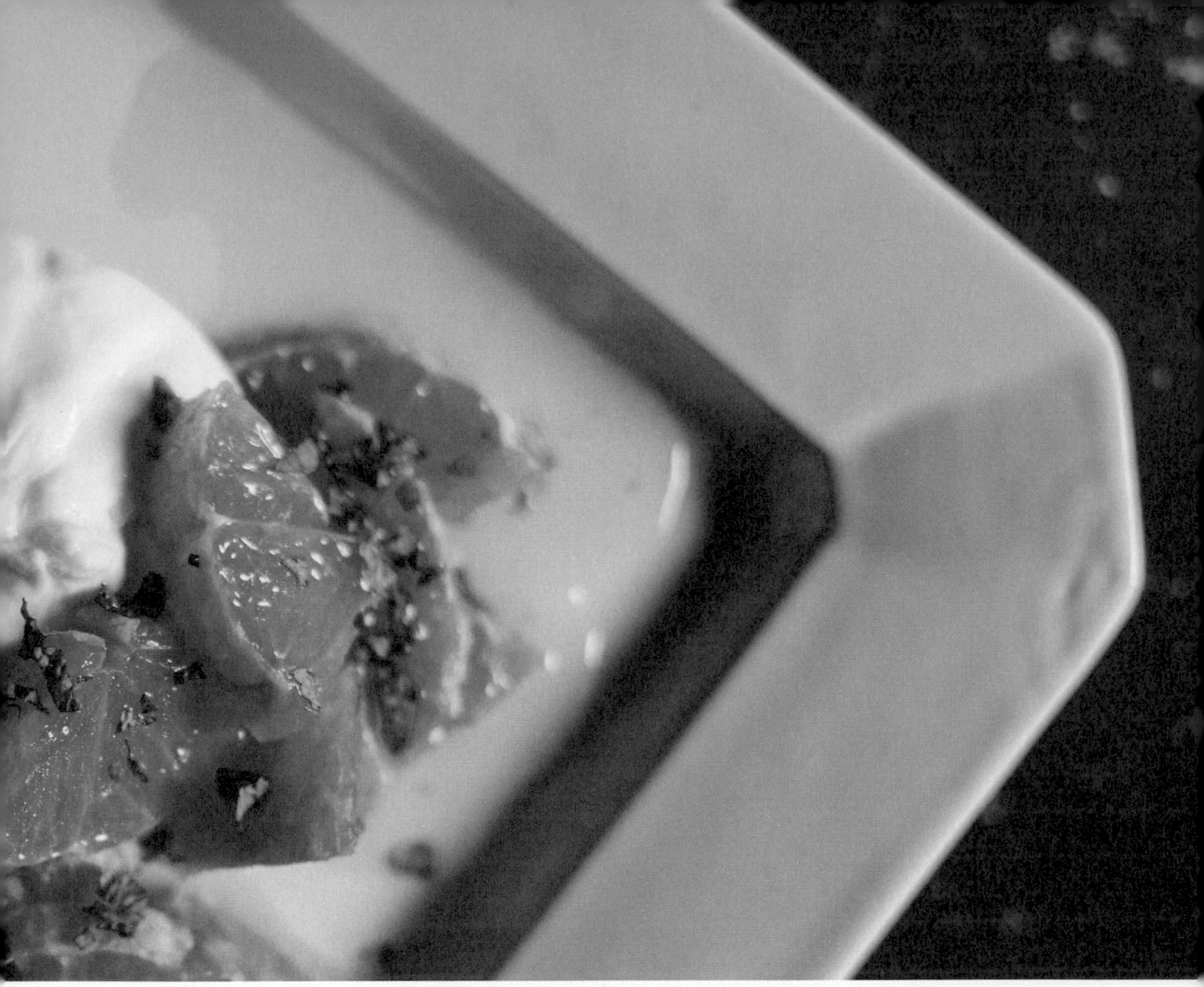

布拉塔乳酪與柑橘沙拉

材料

布拉塔乳酪⋯1球
橘子⋯1顆
薄荷葉⋯數片
蜂蜜⋯少許
橄欖油⋯適量
白蘭地或蘭姆酒⋯少許

做法

1 橘子剝皮後切片或切塊，拌入切碎的薄荷葉與蜂蜜。
2 裝盤，淋上橄欖油後搭配布拉塔乳酪享用。

風味的延伸

◆ 如果是做為前菜，可淋上初榨橄欖油，如果是當成主菜間的清口或甜點，也可以在混拌柑橘類時，加入一點白蘭地，稍微醃漬一下再拿來搭配布拉塔。

—— 布拉塔乳酪是什麼來頭？

布拉塔乳酪是鮮食的乳酪，以生乳與鮮奶油製成，質地類似莫札瑞拉，但內部柔軟帶有乳狀的液體，所以一切開就會流出，奶香濃郁，非常美味。

布拉塔乳酪與大黃瓜沙拉

材料

布拉塔乳酪：1球
大黃瓜：1／4根
鹽：少許
檸檬汁：1小匙
義大利香芹：1小把
橄欖油：適量

做法

1 大黃瓜削皮，輪切薄片，不需去籽。
2 在大黃瓜片上撒鹽，略為抓醃，待它軟化後再把生出的水分擠掉，加入檸檬汁與切碎的義大利香芹拌勻，可馬上吃，也可略為冷藏。
3 裝盤，淋上橄欖油後與布拉塔乳酪一起享用。

絲綢乳酪青醬番茄沙拉

材料

絲綢乳酪…1盒
小番茄…8顆

巴西里青醬

義大利香芹（巴西里）…1大把
初榨橄欖油…適量
黃檸檬汁…2顆分
鹽、胡椒…適量

一如義大利國旗，這道菜也是綠白紅三色，它的義大利血統不言而喻。

在這裡，畫龍點睛的是綠色的巴西里青醬，以青草氣息串起乳香與烤番茄的甘甜。不同於常見的青醬，巴西里青醬是以義大利香芹製成，原則上不加堅果類，材料只有義大利香芹、橄欖油與一點酸性液體。酸性液體可以是檸檬汁，也可以是白醋。在義大利飲食作家瑪契拉．賀桑（Marcella Hazan）的經典鉅作《義大利美食精髓》（*Essentials of Classic Italian Cooking*）中提到，若是要搭配肉類，那就加白醋；如果要搭蔬菜或海鮮，那就加檸檬汁。

做法

巴西里青醬

1 將義大利香芹整把大略切段，放進食物處理機中，一邊攪打一邊倒入橄欖油、檸檬汁，如果覺得太乾，可加一點冷開水。
2 打到滑順後再以鹽調味。

絲綢乳酪青醬番茄沙拉

1 番茄撒上鹽與胡椒，以170度烤20-30分鐘。
2 絲綢乳酪攤開在盤中，搭配烤過的番茄與青醬一起享用。

—— **絲綢乳酪是什麼？**

絲綢乳酪與布拉塔乳酪相同，都由生乳與鮮奶油製成，將乳酪拉成絲綢狀，奶香濃郁。除了這裡介紹的搭配，也可以加進燉飯或烘蛋中，或搭配手工果醬做成甜點也很美味。

番茄 carpaccio

姑且將這道菜當成刀工的測驗吧，如果你能連續片出厚度不超過〇・三公分的番茄片，獎賞就是能享受到與一般番茄沙拉完全不同的口感。

這道沙拉來自巴黎的三星餐廳Arpège，雖然我沒有吃過，但在*Chef's Table* 節目上看到主廚親自片番茄的場面，很讓人心動。主廚Alain Passard在自家菜園種植大量蔬菜，種類繁多，番茄也不例外。在餐廳裡的吃法就是carpaccio，以切伊比利生火腿的方式，慢慢片出極薄片的番茄，調味只有鹽與橄欖油。因為薄，與橄欖油的交融更細密，還能輕輕捲起並堆在烤過的麵包片上，非常美味。

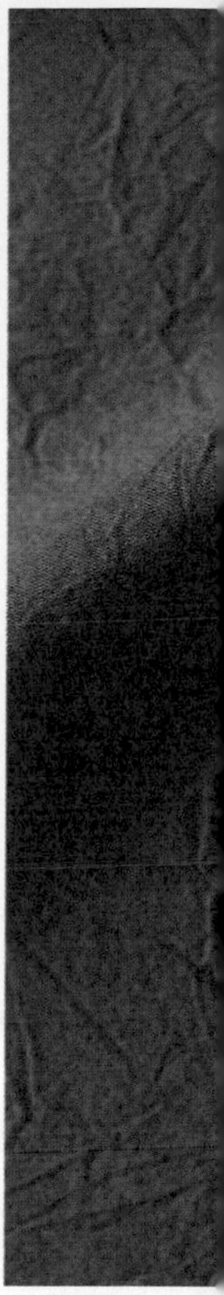

材料
桃太郎番茄…1顆
橄欖油…適量
粗海鹽…少許
巴薩米克醋…少許

做法
1 桃太郎番茄底部朝上，以橫刀片成非常非常薄的薄片（厚度不超過0.3公分），排在盤子上。
2 撒鹽、橄欖油及巴薩米克醋，稍微靜置10－15分鐘入味再享用。

蒜香橄欖油番茄

若說桃太郎番茄是吃它的香甜水分與柔潤口感，那小番茄就是吃它的清脆與酸甜。桃太郎本身的風味十足，所以只需要鹽與橄欖油就很美味，小番茄則需要多一點的外來風味，在這道菜裡，就是大蒜。

大蒜做為隱味，在盤中是見不到它的身影的，但吃的時候會感覺到若隱若現的大蒜香，盤底的橄欖油沾麵包剛剛好。

材料

小番茄：12顆
大蒜：1瓣
橄欖油：適量
香草、鹽：適量

做法

1 大蒜拍開。

2 在小鍋中裝入橄欖油與大蒜，以小火加熱到蒜香四溢後即熄火，放涼，將大蒜挑出，可另做他用，但它不會放進這道菜中。

3 加熱大蒜時切番茄，比較大顆的就切片，小顆可對切，把蒜香橄欖油淋到番茄上，並撒少許鹽，靜置至少大約20分鐘左右，讓它入味再享用。也可另添一點香草增加香氣。

綠竹筍二品

綠竹筍是我在炎熱夏天起個大早上市場的唯一理由，趕在大家抵達市場前來到熟識的蔬菜攤，從一大簍竹筍中千挑百選，選出最嫩最肥的，帶回家直送蒸鍋。由於竹筍的鮮度會隨著離開土壤的時間而下降，因此一刻不能耽擱。

當令的鮮筍不需要多餘的烹調，或蒸或煮，冰透後，切片沾醬油就極為美味。沾的醬油也要講究，我喜歡用帶甜的醬油，很襯筍的甘苦味。台灣醬油的話就用金桃的三月，日本醬油的話，首選九州出品；九州醬油偏甜有口皆碑，沾蔬菜或淋荷包蛋好得不得了。

當然要加工也毫無問題，但還是很推薦大家試試綠竹筍刺身，不要沾美乃滋，以醬油或海鹽提味就好。

綠竹筍刺身

材料

綠竹筍⋯1支
粗海鹽⋯少許
高湯醬油⋯少許

做法

綠竹筍蒸熟或煮熟，放涼冷藏，冰透後再吃更好吃。要吃之前再去殼，削掉底部硬皮，切片，搭配粗海鹽（或任何你喜歡的鹽）或高湯醬油享用。

風味的延伸

還有哪些醬料可以搭配涼筍？

◆涼筍可以搭的醬料遠比你想像的還要多，除了一般常見的美乃滋外，山葵醬油、海鹽都能美妙地提出筍的甘甜，我也喜歡沾自家製的海苔醬（食譜請見50頁）或梅味噌。

◆如果覺得只有綠竹筍刺身有點單調，也可在同一盤中搭配夏天的秋葵、黃瓜、玉米筍，配色也好看，但是秋葵與玉米筍一樣要先燙熟冷藏，黃瓜可以生食。

鰹魚片拌綠竹筍

材料

綠竹筍⋯1支
細切鰹魚片⋯1小包
高湯醬油⋯1匙

做法

1 筍帶殼煮熟或燙熟，再去殼切片。
2 熱平底鍋，在鍋中放少許油（不沾鍋可以不用放），將筍片略為乾煎，表面煎出一點顏色後，倒入醬油收汁即熄火，拌入鰹魚片。

和風豆腐海帶芽沙拉

這是涼拌豆腐的變體，雖然我喜歡冷豆腐，但有時也會想著，只有豆腐會不會略顯寒酸？總是可以為它添些配料一起上桌吧。海苔天婦羅不是什麼了不起的東西，在一般超市都買得到，其實就是把海苔裹上天婦羅粉再炸過的零食。除了原味外，近年也出現明太子、山葵或咖哩口味，超級下酒，特別是啤酒，一片接一片吃不停，罪惡得很。

我很喜歡這款零食，常常想著要讓它入菜。想來想去，覺得加入豆腐沙拉裡很適合，能為豆腐增加脆脆的口感，幾次下來就成為我家夏天的定番菜了。

材料

嫩豆腐：1塊
水菜：1小把
乾燥海帶芽：1大匙
市售海苔天婦羅：5-6片
高湯醬油：1小匙
麻油：2-3滴
沒有味道的油：3小匙
糖：0.5小匙
山葵醬：少許（可省略）

做法

1. 乾海帶芽以冷開水泡開，待所有海帶芽都舒展開後把水瀝乾；豆腐切大塊；水菜切段。
2. 調製沙拉醬。在小碗中混合高湯醬油、糖、沒有味道的油、麻油與山葵醬，攪拌均勻。
3. 在盤中放入豆腐、海帶芽與水菜，將市售的海苔天婦羅剝成小片，放在最上方，最後澆入沙拉醬即可。

這陣子台北出現了幾間火紅的日式小料理，訂位如比登天。

所謂小料理，
我認為是比居酒屋再精緻、食材更講究一些的餐廳，
但又未達到料亭的程度，
有點介於兩者之間。
對於小料理來說，運用季節食材是基本，
費心費工地將食材處理到極致，
以食材風味的呈現為最高原則。

宴客的時候，

偶爾，我會讓我家變成小料理，

以取皿大小的碟子裝著精細的菜餚上桌，

讓朋友們吃巧，

慢慢吃，慢慢喝酒，

這樣才是最奢侈的風情。

甘醋海帶芽拌蝦仁

甘醋自家製容易，幾乎與所有涼拌蔬菜或海鮮都搭，煮起來可冷藏保存一週。

蝦仁要選新鮮、沒有泡水泡藥的。一般來說，我不會在傳統市場買蝦仁，寧可買信任品牌的冷凍品，現在冷凍技術先進，幾乎是從池裡撈起的第一時間，就去殼去泥冷凍真空。要煮之前連包裝一同泡水十五分鐘解凍即可。比起市場裡來路不明、也不曉得在室溫擺多久的蝦子來得好太多。

海帶芽則是乾燥的，偶爾百貨公司的日本物產展會有北海道來的新鮮嫩海帶芽，其海潮氣息完全不是乾燥海帶芽可比的，但那可遇不可求。我百分之九十九還是用乾燥品，泡冷開水一分鐘就可食用，也方便。

材料

蝦仁：200g
乾燥海帶芽：1把
小黃瓜：1根
嫩薑：1截
日式高湯：40㎖
白醋：10㎖
白糖：1匙
日式醬油：10㎖

做法

1 蝦仁去腸泥，洗淨，撒鹽醃一下，燙熟泡冰水，涼了即取出。

2 黃瓜切薄片後以鹽抓醃，靜置10分鐘後，將水分擠出；嫩薑切絲；海帶芽以冷開水泡開，擠乾水分，如果需要可切小段一些。

3 混合日式高湯、白醋、白糖與日式醬油，比例可隨自己喜歡，沒有一定，調好後試一下味道，滿意即可。若是打算一次多做一些起來保存，可以將所有醬汁煮滾放涼，比較能保存。

梅香雞絲脆蔬菜

梅干提振食欲，有些日本人主張一天一顆能保持身體健康，夏天不妨多以它入菜。梅干除了單吃、配飯或加在日式煮魚裡去腥味外，把梅肉削下切成泥，做成涼拌菜也是常見的吃法，酸酸鹹鹹，很開胃。

材料

日式梅干⋯3顆
去骨雞腿⋯1片（或可用雞柳、雞胸）
蘆筍⋯10－12根
日式高湯⋯少許

做法

1 雞腿肉雙面撒鹽，稍微醃一下，如有時間，可醃2－3小時入味，蒸熟放涼，切絲。

2 燒一鍋鹽水燙蘆筍，撈起放涼，切成適口大小。

3 將梅干的籽去除，梅肉切碎，加少許日式高湯將它拌開，試一下味道，如果不夠鹹就補一點鹽或醬油。

4 將所有材料拌勻即可。

風味的延伸

蔬菜可以替換嗎？

◆當然可以。這道菜中的蔬菜可以自由替換，小黃瓜、綠竹筍、四季豆、西洋芹、秋葵都很適合，有口感的脆蔬菜最適合。

雞肝甘辛煮

材料
雞肝：300g
釀造醬油：100ml
味醂：50ml
料理酒或日本清酒：150ml
清水：150ml
二砂糖：1大匙
嫩薑絲：適量（可省略）

這是一道充滿愛的料理。

如果有人願意做這道菜給你吃，你絕對要心懷感激。雞肝價廉，一斤才三十元，但卻得花至少一個小時的時間在水龍頭下仔細清血管，血管沒清乾淨，口感就扣分。每回都清得我腰痠背痛，想著我再也不要做了，但隔幾個月又還是忍不住買了雞肝回來，再次拿起小刀與牙籤站在水槽前埋頭。

但這勞動非常值得，雞肝不能煮過熟，一旦久煮就會產生類似鐵鏽的腥味，所以我採取快速燙過再浸泡濃口高湯的方式，讓它在高湯中慢慢入味。浸過高湯後，雞肝外表呈現褐色，但切開是嫩粉色，配一點薑絲吃，好極了，會讓你完全忘記之前清血管的辛苦。

做法

1 雞肝洗淨，清除血管、雜質後，切塊泡牛奶至少2小時。

2 煮一鍋滾水，水滾後加入半杯冷開水降溫，再放入雞肝，表面轉白即可撈起備用，大約只需要煮20秒。

3 另一鍋煮醬汁。將釀造醬油、味醂、料理酒、二砂糖與清水煮滾，轉小火後放入雞肝。如果可以接受微微粉紅色九分熟的雞肝，就煮3分鐘即熄火，如果不行，就煮5分鐘再熄火。

4 熄火後立刻將鍋子整鍋泡冷水冷卻，再送入冰箱冷藏，至少24小時後再吃，吃的時候可搭配薑絲享用，也可以配一點柚子胡椒。

—— **多說一點**

這道菜好吃的重點是血管要盡量清乾淨，如果血管還在，吃起來口感會略差一些。清的時候要沖冷水，水不要開太大，小小的即可，重點是流動；把雞肝切開，讓血管露出來，再用牙籤把血管挑掉。一塊雞肝我通常會切成2到3塊，盡量讓每一塊雞肝的大小一致，這樣煮的時間才不會有落差。

浸泡至少1天才能稍微入味，我覺得泡2-3天是最美味的。泡過雞肝的醬汁可以撈掉雜質煮滾，再泡一次，或是拿來滷肉燉菜。

香橙鴨胸火腿

材料

▼本醬料分量可煮2副鴨胸

鴨胸…1副（約220-250g，厚度約1.5公分）

鹽…適量

醬油…80㎖

日本酒或料理酒…150㎖

柳橙汁、橘子汁或香吉士汁…250㎖

味醂…20㎖

楓糖…30㎖

水…50㎖

洋蔥細絲…適量

蔥白絲…適量

綠紫蘇絲…適量

鴨肉一直是我的罩門，不論以吃的角度或是烹煮的角度都是。我其實不是很喜歡鴨肉的味道，再加上煎烤鴨胸很容易過老，只要多在爐上十秒鐘，口感就差了，我最多最多，只吃烤鴨的脆皮。

不過看多了BBC的烹飪大賽節目，好像處理鴨胸實際上也沒有那麼困難，決定放手一試。西式煎鴨胸多少需搭配濃稠閃亮的醬汁，但醬汁我做不大出來，那就換個方式，以類似火腿的概念來烹煮，切薄片冷食，試做幾次下來挺好的，分享給大家。

做法

1 鴨胸略為修整，把邊緣多的脂肪、皮與筋切掉，筋如果不修掉，吃起來口感不佳。在鴨胸皮上以刀劃出斜線或格紋的刀痕，兩面均勻撒上鹽。

2 先煮醬汁。準備一個能裝得下鴨胸的小鍋，倒入醬油、日本酒、柳橙汁、味醂、楓糖與水，大火煮滾後轉小火煮5分鐘，將酒氣煮掉。

3 煮醬汁的同時煎鴨胸。皮朝下以小火煎3分鐘，翻面再煎1-1分半，邊緣也要煎，皮脆金黃後放入醬汁鍋中。入醬汁鍋後，小火煮4分鐘，熄火連同鍋子放入冷水鉢中快速降溫，冷藏至少半天入味。

4 提早取出鴨胸回溫，醬汁另以小鍋加熱。鴨胸切薄片，淋醬汁，搭配洋蔥絲、蔥白絲與綠紫蘇絲一起享用。

5 鴨胸泡在醬汁冷藏可保存4-5天。

—— **多說一點**

醬汁可以再次利用，煮滾後可以再做一次鴨胸，也可以拿來滷內臟如雞胗（做法可參考102頁）或雞肝（做法請參考82頁），滷肉當然也行，雖然醬汁的味道與原食譜寫的不同，但一樣可行，不要浪費醬汁。如果一時間沒有馬上要再次煮，就煮滾一次放進冷凍庫保存。

明太子金針菇

某日，為了用掉放太久的明太子，靈光一閃想到，「如果把明太子與金針菇炒在一起不曉得會怎樣？」畢竟明太子可以炒義大利麵、可以炒飯，為什麼不能與蔬菜或菇類同炒呢？

一試之下果然很厲害，這道菜冷食比熱食更好。熱的時候吃，明太子味反而不明顯，放涼後，明太子的鹹與辣更突出了，與日本酒是絕配，大家可以做多一些當成冰箱常備菜，配冷豆腐或配飯都挺好。

材料

金針菇⋯1包
明太子⋯1條
蔥花⋯1／3根分
日式高湯或清水⋯20㎖

做法

1 金針菇切除底部後，剝開成絲狀，再對切為兩段；明太子從中間將膜劃開，把卵刮出來，外層的膜丟棄不用。

2 在平底鍋中炒金針菇，翻炒1－2分鐘後可加入一點清水或日式高湯，待金針菇都軟化後，加入明太子繼續拌炒至全體均勻即可。

3 裝盤並撒上蔥花即可享用。

水煮蔬菜佐大蒜蛋黃醬

曾經看過一位法國飲食作家寫他的一次用餐體驗：服務生端來一個特大號的盤子，上面有各式各樣的水煮蔬菜，種類非常多，讓客人自由挑選想要的蔬菜，服務生會取適量放在盤中，一種一種分開，然後再附上一盅大蒜蛋黃醬，並祝你胃口大開。

那個畫面實在太讓我嚮往了，如果你問我，蔬菜最美好的吃法是什麼，我一定會說是水煮，然後配幾款風味濃郁的沾醬，關鍵在於每樣蔬菜的熟度都必須恰到好處，不能太生也不過熟。而沾醬呢，你至少要學會大蒜蛋黃醬。

材料

水煮蔬菜

喜歡的蔬菜（比如綠花椰菜、白花椰菜、皇帝豆、玉米筍、蘆筍、小黃瓜與秋葵）⋯各適量

大蒜蛋黃醬

一般蔬菜油或葡萄籽油⋯60-70ml
蛋黃⋯1顆
大蒜⋯0.5瓣
冷開水⋯10ml
檸檬汁⋯5-10ml
鹽⋯指尖一撮

做法

1 先做大蒜蛋黃醬。拿一個攪拌缽，磨半瓣大蒜泥進去，再放入蛋黃攪勻。

2 一次一點地加入油，如果一開始就倒太多油，很容易油水分離，所以要有耐心地慢慢加，一邊加一邊不停攪打。太濃稠攪不動的話，就加一點點水拌開再繼續加入油。整體來說，一顆蛋黃我通常會打60mℓ左右的油。

3 打到想要的濃度後，再以鹽、檸檬汁調味，放進冰箱冷藏一下。

4 冷藏的同時來煮蔬菜，燒一鍋滾水，待水滾先放入一大匙鹽(分量外)，再分批燙煮蔬菜。不同蔬菜所需的烹煮時間不一樣，所以務必分批煮，一次只煮一種，而不能統統全丟下鍋。下鍋後也不能不理它，要仔細觀察它的狀況，一剛好熟就撈起。

5 蔬菜煮好裝盤，一種一種分別排得漂漂亮亮的，沾大蒜蛋黃醬享用。

—— **蛋黃醬要用什麼油？**

蛋黃醬的用油有很多選擇，只要是味道不要太強烈的油都可以，用初榨橄欖油也很好，只是橄欖油的味道很特別，所以如果要用橄欖油，我會用一半蔬菜油一半橄欖油。打好的蛋黃醬密封好，在冰箱可保存3天。

—— **還可以配哪些蔬菜？**

很多蔬菜都可以搭配這種醬汁，除了上述以外，馬鈴薯、胡蘿蔔、西洋芹、小番茄都很適合。

老派明蝦沙拉

材料

中型明蝦…5尾
水煮蛋…2－3顆
桂冠美乃滋…1/3－1/2條
鮭魚卵…3大匙（選配）
檸檬汁…少許
鹽、黑胡椒…各少許

明蝦沙拉是小時候吃宴客菜的記憶，切碎的水煮明蝦拌入大量美乃滋，旁邊妝點著石斛蘭，沙拉上頭撒了滿滿的彩色巧克力米，我想應該不少人都看過也吃過吧。現在幾乎看不大到這種菜了，但我們仍然可以吃明蝦沙拉，只要省略巧克力米，這道菜就堪稱完美的宴客菜。

做法

1 明蝦洗淨去腸泥，在鍋中以少量的水燜蒸熟，中型的蝦大約需要3分半鐘，大型的至少要5分鐘。將水煮蛋切成細丁。

2 將蝦頭切下來另做他用，身體去殼、開背檢查腸泥是否都清乾淨，切小小塊。

3 將明蝦、碎蛋與美乃滋混合拌勻，試一下味道再決定要加多少鹽、黑胡椒與檸檬汁。冷藏至少2小時再享用比較美味，裝盤時可再鋪上鮭魚卵做為裝飾（好啦你要是真的想撒彩色巧克力米，我也無法阻止）。

風味的延長

◆這道菜很適合做為宴客菜，因為擺出來實在太大器了。如果沒有鮭魚卵也可省略，另一種很適合撒在上面的材料是烏魚子。烤過的烏魚子以磨起司器磨成粉狀，撒在沙拉上方，一樣浮誇又美味。

◆至於蝦頭，當然也不要浪費。通常蝦頭比蝦身慢熟，所以它或許不到全熟的狀態，有幾種方式，其一是撒鹽，放進200度烤箱烤3－4分鐘；另一種是直接用火槍炙燒，燒完再撒鹽。請客的話，可以把沙拉與蝦頭一起送上桌，豪華又大器。

做菜對我來說，
重點從來不在於把食物煮熟與調味，而在於風味。

當你動手做一道菜時，
你心中想的應該是呈現的風味，
你想做出哪幾種風味，哪些食材的特性要被突出？
又或者，
你希望吃的人感受到哪些層次？

然後再以此來設計你的菜餚。

高湯蒸烤香菇

材料

大香菇…2朵
日式高湯…少許
煙燻豬五花或培根…1小塊
橄欖油…少許
鹽、黑胡椒…少許

都說秋天是菇類的季節，但我更喜歡冬天的香菇，冬天的菇肉厚實，口感Q，味道也比較濃郁。挑選時，要選肉厚表皮裂、蕈傘包覆完整的，千萬不要選蕈傘開開又薄的。好的菇不論用烤、用蒸、用炒都好吃，特別是烤，我常以金網直火烤，烤到蕈傘內的汁液浮出，滴幾滴檸檬汁，滿滿都是うまみ。

這裡介紹另一種做法，以紙包起來蒸烤：紙包內加入高湯與少許油脂，讓香菇烤出的汁與高湯混合，水分不會流失，香菇也不會被烤乾，口感依舊柔潤，旨味會在口中爆開。

做法

1 香菇擦淨，將梗切掉後切成丁；煙燻豬五花或培根切細丁。
2 在平底鍋中以小火炒培根丁與香菇梗，炒到金黃色微焦，香香酥酥即可。
3 拿2張烘焙紙，放入香菇，在每朵香菇蕈傘內放入炒香的培根丁，以鹽、黑胡椒調味，把烘焙紙的兩端像捲糖果紙那樣捲起來，留一點開口。
4 從開口處倒入橄欖油和日式高湯，送進180度烤箱烤15分鐘即可。

風味的延長

還可以放入什麼材料？

◆ 除了上述材料外，還可以在香菇蕈傘內放1大匙番茄紅醬（以單純的番茄熬煮收汁而成的紅醬），番茄與日式高湯的味道很搭，兩者碰撞會產生很迷人的うまみ。也可加入鯷魚或酸豆，是另一種滋味。

藍紋乳酪烤豆皮

前幾年在東京的居酒屋吃到這道菜，唉呀呀好下酒啊，沒想到氣味重的乳酪居然與豆皮這麼搭，日本人實在很擅長結合日式食材與西式食材，而且運用得非常合理。

豆皮要烤到酥酥的，帶點金黃，咬下的第一種口感應該是「喀喳！」緊接著才是，「咦，好濃稠喔」，這樣就是剛剛好。

材料

日式炸豆皮…1張
藍紋乳酪…足夠鋪完豆皮內部的分量
檸檬角與黑胡椒…適量，可視喜好添加

做法

1 將豆皮從中間剪開，攤平，在內部放入剝成小塊的藍紋乳酪，再把豆皮蓋起來。

2 送進170度小烤箱，或在瓦斯爐上以烤網直火烤，或以不沾平底鍋乾煎皆可，烤或煎到內部乳酪都融化即可，切片，撒上黑胡椒並擠一點檸檬汁享用。

風味的延長

還有哪些乳酪可以替換？

◆ 很多人不敢吃藍紋乳酪，我尋找代替品，試過幾種不同的乳酪，大致上軟質乳酪都搭，所以卡門貝爾、布利都可。

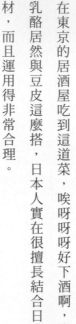

山椒燒蛤蜊

我曾經把一罐山椒放到快過期，因為不曉得該如何用它，就一直這麼擱著，眼見保存期限一天天逼近，終於打開來試試。一開始是先加在燉菜裡，大概因為燉菜本身的味道已經很複雜了，所以吃起來還好，不夠突出。後來加在炒海鮮裡，它的香型才明亮了起來。

山椒的味道有點類似台灣的馬告，帶點檸檬清香，也有花椒的辛辣氣，與海鮮、雞肉都非常搭，我常常在炒海鮮起鍋前放入一小匙，可以為菜餚增加深度與風味。

—— **多說一點**

山椒是日本特有的香料，與中國的花椒類似，但是香氣不同，帶有些許柑橘香，廣泛使用於日本料理。市面上有乾燥後磨成粉的山椒粉，或是水煮後、以鹽水醃漬的整顆山椒，則通常稱為實山椒。如果買不到，可用台灣馬告代替，香氣雖然不同，但是也很迷人。

材料

蛤蜊：300g
實山椒：1小匙　奶油：10g
大蒜片：2瓣分　料理酒：1大匙

做法

1. 在平底鍋中融化奶油，下蒜片以小火逼出蒜香。
2. 放入所有蛤蜊，蓋上蓋子燜至蛤蜊陸續開口；加入料理酒，轉大火燒掉酒氣，加入實山椒翻炒拌勻即可。

風味的延長

◆ 山椒的香氣很適合海鮮，與奶油融合後，尤其誘人。在我的第一本書《家・酒場》中寫到的「磯煮小鮑魚」（請見第60頁），也可在鮑魚浸泡入味後，切片加入奶油快炒1分鐘，加1匙實山椒，風味的層次會大大提高。

滷水雞胗

大家都知道，傳統市場的攤家常常是隱藏版的大廚，若是客人願意開口請教，他們總能告訴你最美味的烹調法，因為他們最了解自己賣的食材。這道菜就是這樣來的，謝謝士東市場的雞肉攤闆娘教我這個好做法。

雞胗要不是短時間烹調，要不就是長時間。所以有時在西式餐廳會看到油封雞胗，油封時間長達四小時以上，把所有的筋膜組織都浸潤得又軟又嫩，幾無口感，但是吸飽了橄欖油與香料味，也是美味。而短時烹調，不妨試試底下這個煮法，以浸泡入味，上桌前再快炒一番。

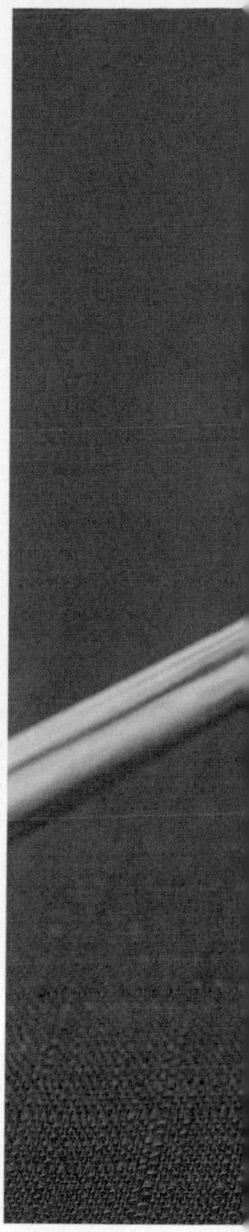

材料

雞胗：200g
大蒜：3-4瓣，去皮
醬油：40-50ml
清水：300ml
辣豆瓣醬：1小匙
西班牙紅椒粉：適量
八角：1粒
嫩薑絲：適量
鹽：適量

做法

1 雞胗洗淨，燒一鍋滾水快速燙過，馬上撈起。

2 另一鍋煮醬汁。放入醬油、清水、大蒜、八角及辣豆瓣醬，煮滾後試一下味道，再放入雞胗，煮5分鐘後即熄火蓋上蓋子，用燜的讓它入味。

3 放涼後送入冰箱冷藏，至少冷藏24小時以上再享用。

4 要吃的時候切薄片，以平底鍋快速炒一下，可視情況補一點鹽和西班牙紅椒粉，搭配嫩薑絲享用。

現成品小單元

干貝醬二品

干貝醬或XO醬是你的開胃菜好朋友。如果是配料紮實、做工仔細的品牌，直接下酒挺好。但若是要請客，還是得做一點變化才能撐得住場面。

比如干貝醬與半熟玉子幾乎百搭，很誘人的吃法就是配一點油脂、一點鹽分與一些旨味——而干貝醬三者皆有。只要將蛋煮到六、七分熟，剝殼對切，在流動的蛋黃堆上一匙干貝醬，簡單得要命，但也絕對好吃得要命。

另一種吃法更為簡單，將小黃瓜切成〇・三公分左右的薄片，以少許鹽殺青後，配干貝醬一起吃，干貝醬的海味與黃瓜的爽脆也是天衣無縫得搭。若是要讓客人輕鬆地一口享用，不用動筷子或刀叉，可以用瓷湯匙將黃瓜與干貝醬配好，這樣一來，就算是站著聊天的酒會也方便食用。

第二輪酒

介於白酒與紅酒間

那幾盤香氣撲鼻的菜餚隨著兩杯酒一起下肚，
味蕾彷彿被打開了，她突然感到一陣強烈的饑餓，
她，想要更多。

在這裡，我們尊循義大利的傳統，在上主菜前先吃澱粉。

前菜總是特別下酒，一不留神就喝多了。常有這樣的情況，才吃完第一輪前菜，就見到朋友往沙發移動，躺下，或以手半掩著酒杯說：「先別幫我倒酒，我剛才好像喝太快了。」是啊，這樣的場面在我家見多了。

但也有另一種場面，前菜的盤子才剛撤下，眾人卻無不磨刀霍霍，眼神閃著光，因為剛才一連串眼花撩亂的前菜打開了好胃口，更加渴望著接下來的菜餚，這種時候，就是澱粉出場的時機。

澱粉可能是麵食、燉飯、炊飯、烤麵包，也可以轉個彎，是濃湯或清湯。分量不需多，但要用心製作。比如以咖啡杯裝盛的小小杯濃湯、一小撮義大利麵、幾杓燉飯，又或幾粒自家手工包製的抄手，這些美好的、實在的澱粉，剛好能填補第一輪被吊起的胃口，為大家墊墊肚子。

第二輪酒，好酒量的餐桌可能已經來到第二瓶，酒量不那麼好的，則繼續喝上一輪的白酒，都好，為大家再次添滿酒杯吧。

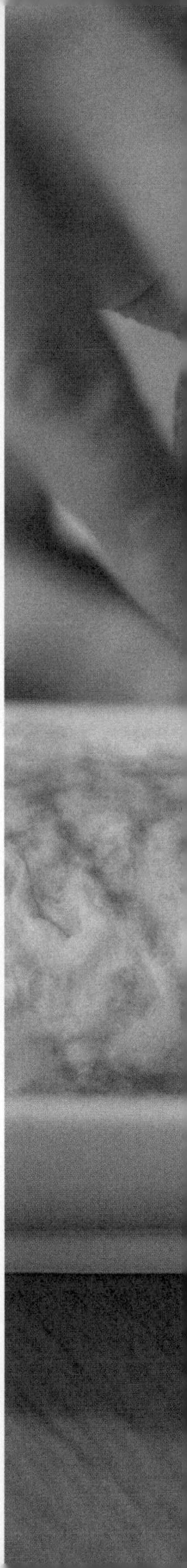

偶爾，我會手做義大利麵。

在桌上堆出如小山丘般的義大利麵粉，
中間挖個凹槽打入兩顆蛋，
以叉子慢慢將麵粉一點一點攪進蛋中，
攪勻後以手揉成團，仔細搓揉十分鐘，
揉到微微出汗的時候，麵團也差不多光滑了，
讓它休息半小時。

拿出我閃亮亮的義大利壓麵機，
一轉一轉地，將麵團壓成片狀，
像是一種魔法，
麵團進到壓麵機後，用不了幾分鐘就切出麵條了。

很療癒的過程。

蒜香橄欖油番茄義大利麵

最基本的義大利麵，只有大蒜、辣椒與橄欖油。其實在義大利當地吃到的麵食一點都不花俏複雜，配料大多簡單，因為義大利麵介於前菜及主菜間，像在為主菜暖場，不該加入太多配料，否則很快就飽了。

而台灣或日系的義大利麵餐廳及客人，常常將義大利麵視為主菜的一環，所以各式配料天馬行空，非常豐富。這沒什麼對錯，只是飲食習慣及文化不同罷了。我倒是非常喜歡傳統樸實的麵，就像我們日常的乾拌麵，只有一點豬油、醬油，頂多再幾滴醋，卻耐吃。

所以這裡要為大家端上這盤最簡單的義大利麵了，不過我略為違背傳統，偷偷加入番茄，添了一點甜，你要是不想加，也完全可以省略。

材料

義大利麵直麵⋯1人分
大蒜⋯1瓣
新鮮或半乾小番茄⋯6-7顆
橄欖油⋯2大匙
鹽⋯少許

做法

1 大蒜切片或切末，小番茄對切。

2 燒一鍋滾水，水滾下鹽煮麵條，煮的時間按照義大利麵包裝上的建議，要比煮到彈牙程度所需的時間少1分鐘。

3 煮麵的同時，在平底鍋中以一半的橄欖油小火逼大蒜，逼出香氣後放入番茄或半乾小番茄，待番茄軟化後，加入煮好的麵條。

4 加入剩下一半分量的橄欖油，與少許煮麵水，讓醬汁稍微乳化即可撈起裝盤。

5 趁熱吃，麵不等人。

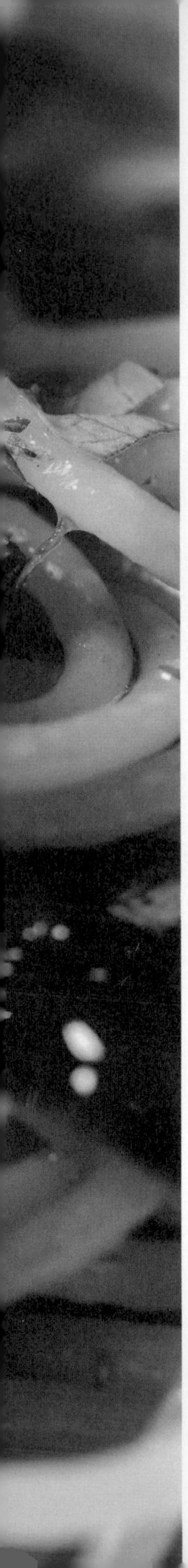

風味的延長

◆有時候，我會多煮一顆水波蛋擺在麵上，輕輕劃開蛋黃，讓它恣意流到麵上，再拌起來享用。

◆這裡也分享煮水波蛋的祕訣：祕訣其實是，愈不管它愈好。燒一鍋水，滾了後轉中大火，以湯匙或筷子稍微轉一下水，攪出漩渦，不要轉太久，2-3圈就好，然後把蛋倒迅速進去（不需要刻意慢慢倒，那樣反而會散開，而且不能用小火），接著就可以不管它2分鐘。如果你是用中大火的話，2分到2分半就可以撈起來了，蛋白旁邊的鬚鬚就以湯匙在鍋中直接切掉。

—— 煮義大利麵的水到底要多鹹呢？

義大利人會告訴你，要與海水一樣鹹，但總不能去試吃海水吧。這裡提供大家一個比例，大約每1000㎖的水，加7 - 8g的鹽。切記水滾再下鹽，接著才入麵條。

綠花椰義大利麵

花椰菜屬十字花科，冬日盛產，據說可抗氧化。

花椰菜算是我們家餐桌出現率前三名的蔬菜，只要一到季節，我們家大概每兩天就吃一次，綠花與白花輪著吃，清炒、水煮或烤都美味，打成泥也好。打泥之前要先煮熟或烤熟，差別在於用烤的，會多一點焦香氣，而且烤的時候還能另加香料，風味會比水煮的強一些。

打成泥後，由於非常濃稠，所以能完美地沾附在麵條上，反而比直接吃蔬菜泥更加美味。

材料

義大利直麵…2人分

花椰菜泥

綠花椰菜…1株，切成小朵

現磨帕梅善乳酪粉…大約需4-5大匙

高湯或冷開水…40ml

橄欖油…適量

鹽和黑胡椒…少許

做法

花椰菜泥

1. 花椰菜切成小朵後，不重疊地鋪在烤盤上，送進烤箱以160度烤20-25分鐘，或烤至表面微焦黃，發出濃郁香氣，即可取出。
2. 烤好的花椰菜放入食物處理機中，加入高湯與橄欖油攪打成泥。橄欖油不要一次全加，分次加入，調整想要的濃稠度，倒入磨好的帕梅善乳酪粉，並以鹽和胡椒略調味即可。

綠花椰義大利麵

燒水煮義大利麵，麵煮好後與花椰菜泥拌一拌，視情況補一點調味，或加一匙煮麵水，再補一些現磨帕梅善乳酪粉，即成。

L'OLIO
DE CECCO

烤茄子義大利麵

除了綠花椰菜外，茄子是另一款我很喜歡打成泥煮麵的蔬菜。

起因是一家我很喜歡的義大利餐廳——老實說，在這本書中如果你讀到我說，會做出某某菜是因為在某家義大利餐廳吃到驚為天人，而決定回家試著複製——那說的都是同一家餐廳，你可以私訊我，我再告訴你是哪一家噢。

茄子打成泥之後，以截然不同的面貌見人，不特別說的話，你幾乎認不出來它是茄子。由中式料理香辣的形象，轉為如絲綢般細膩滑順的口感，但仍保有茄子特有的清甜。

材料

義大利麵⋯2人分
煙燻豬五花或義式培根⋯1小截

茄子泥

圓茄⋯2顆
橄欖油⋯3大匙
現磨帕梅善乳酪粉⋯大約需4-5大匙
高湯或冷開水⋯30ml
鹽⋯少許
煙燻紅椒粉⋯少許

做法

茄子泥

1 茄子有兩種處理方式，一是在爐上直火烤，烤到所有外皮都呈現焦黑狀，把它們放入一個大缽中，包上保鮮膜靜置5分鐘；缽內充滿水氣，5分鐘後皮很容易就能剝除。另一種是烤箱法，把烤箱預熱到180度，茄子垂直對切，皮朝下放在烤盤中，在表面淋上一大匙橄欖油，烤20分鐘後將茄子翻面，再烤15分鐘即可取出，略為放涼後，將皮剝掉。

2 將茄肉放入食物處理機中，倒入橄欖油、高湯、少許鹽與紅椒粉，攪打成細膩的茄子泥。橄欖油不要一次全加，慢慢加入，調整喜歡的濃稠度。

3 試一下味道，放入現磨的帕梅善乳酪粉再次攪拌均勻即可。

—— 多說一點

與上一道花椰菜義大利麵的概念基本上相同，都是把烤過的蔬菜打成泥狀，再拌入橄欖油、磨成粉的乳酪與調味為主的做法。你也可以試試其他蔬菜泥，選擇風味強的蔬菜，應該都滿適合的。

橄欖油一定要用好的初榨橄欖油，它在蔬菜泥的風味中占了很大的比例；帕梅善乳酪可以買陳放12個月或16個月的，要用之前再現磨。

蔬菜泥如果沒吃完，用密封罐盛裝冷藏可以保存3-4天左右，也可以做為肉類主菜的襯底配菜或麵包抹醬，都很好。

烤茄子義大利麵

1 煙燻豬五花或培根切細條或丁塊，燒一鍋鹽水煮義大利麵，同時在平底鍋中以小火乾煎豬五花，逼出香氣與油脂後，倒入茄子泥拌勻。

2 加入煮好的麵條，舀一匙煮麵水一同拌勻，想要的話可以再補一些帕梅善乳酪就可以了。

我的煮菜過程，常常是從燒一鍋熱水開始。

或許大部分人覺得一鍋熱水沒什麼，
但若是你擁有想像力，一鍋水能為你帶來許多。
燒水，水滾了加幾匙鹽，
已是深植我體內的自然反應，
燙綠色蔬菜，水煮根莖蔬菜或豆類，
燙或煮，於我的差別在於烹煮時間長短。

接著為鍋內再添一點水，
重新燒滾後，可以煮義大利麵，
炒菜時舀一匙入鍋充當高湯，
甚至餐後洗碗的時候，一口氣沖進油膩的碗盤間，方便洗滌。

一鍋熱水是煮食人的好夥伴，
別輕易倒掉了。

蕈菇燉飯

對我來說，燉飯一直是配角，它不像義大利麵，感覺可以單獨上場，成為午餐的主體，也不像邊盤的蔬菜或薯塊，能搭配主菜的牛排，它夾在前菜與主菜間，地位有些微妙（或許只有我這樣覺得？）

但分量少少的、濃稠的、米芯煮得恰到好處的燉飯，只用一根湯匙就能食用，我認為是比麵食更好的過場轉換。而且請客煮義大利麵有時會比較緊張，一定得現煮現炒，萬一炒糊了怎麼辦？即使是宴客老手如我，也是會焦慮煮義大利麵失手的。所以，能事先煮到一半，現場只要再煮一下下就能盛盤的燉飯，反而是我宴客的首選。

材料

義大利米：100g
乾燥牛肝蕈：1小把
新鮮菇類：1小把
洋蔥：1/2顆
白酒：30㎖
雞高湯或蔬菜高湯：200㎖
泡開牛肝蕈的水：100㎖
鹽與黑胡椒：各少許
現磨帕梅善或佩柯里諾乳酪粉：2－3大匙
無鹽奶油：15g

做法

1 乾燥牛肝蕈泡水軟化，泡過的汁保留下來做為高湯；洋蔥切細丁；新鮮菇類與泡開的牛肝蕈切成適口小塊。

2 在平底鍋中炒洋蔥，炒到轉透明時，放入菇類同炒。材料都炒透後再放入米，加入白酒，待酒精蒸發後，開始慢慢加入高湯與牛肝蕈水，一次不用加多，一杓一杓加，待水分煮掉後再繼續加。加高湯的過程中，略為以鹽調味，但不要多，之後還要添乳酪，帕梅善帶鹹，所以調味不要一次調到足。

3 加入高湯的關鍵是，拿木匙劃過鍋中的米與配料，如果米能像摩西分紅海那樣分開，不會馬上回流交融在一起時，就表示液體量不多，可以再加。至於要加多少，則要視你喜歡的米粒熟度，所以邊煮邊試吃是必要的，煮到滿意的口感熟度時就熄火，熄火前記得鍋裡還是要留一點點湯汁。

4 熄火，放入無鹽奶油和乳酪粉，稍微搖晃鍋子讓湯汁、乳酪及奶油融合乳化，再次試試味道，確定鹹度夠，磨一點黑胡椒後就可以裝盤了。

風味的延長

◆ 只要掌握基本燉飯的做法，就可以自由變化各種不同口味，加入不同的季節食材，比如豌豆、青豆、海鮮、南瓜、蘆筍等，都很適合。

—— **煮燉飯要不要攪拌？**

說法兩派都有，有人說要不斷以木匙攪拌，有人說不用，擺著不要焦即可。我覺得都可以，你喜歡就可以了，但比較偏向不用攪，因為比較不費事，只要隨時注意湯汁沒有乾掉，按時加高湯就好。

—— **米要煮到幾分熟呢？**

如果問義大利人，答案一定是要保有米芯、咬下有顆粒感才是正統。但這樣的熟度其實不少人吃不慣，所以台灣的義大利餐廳大多調整過米的熟度，提高接受度。我的想法是，一樣的，你喜歡就可以，畢竟是煮給自己與家人吃的，你不需要考慮義大利人的想法，大家吃得開心最重要。

—— **宴客的話，要事先煮到什麼程度呢？**

大概煮到米半熟即可，汁收差不多乾了就先熄火，連鍋子一起放一邊，等要上菜前10分鐘，再重新開火加入高湯煮。

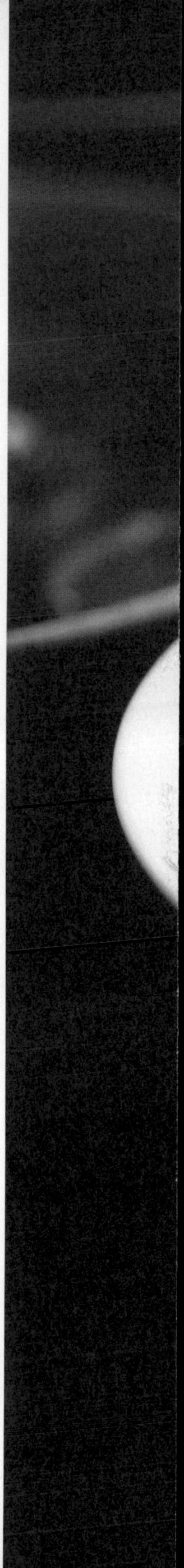

牡蠣舞菇炊飯

其實，牡蠣才是這道菜的主體，米飯不過是載體，吸收了牡蠣的海潮味成了完美的陪襯。

說到牡蠣，我認為第一名的吃法是奶油乾煎或醬燒（請參考《家．酒場》一一八頁），接下來大概就是加在重口味的鍋物中，或煮成炊飯了。煮成炊飯的牡蠣可以維持漂亮的身形上桌，再於所有客人面前以鍋鏟將牡蠣切成小塊，拌進飯裡，這樣一來，每一口都吃得到牡蠣的滋味。

材料

- 米：1.5合
- 牡蠣：6-8顆
- 舞菇：1包
- 薑片：2小片
- 日式高湯：280㎖
- 淡味醬油：2小匙
- 鹽：適量
- 蔥花：適量
- 七味粉：少許

做法

1 牡蠣在流水下小心清洗乾淨，以廚房紙巾擦乾。舞菇剝開成小株狀，在平底鍋中快速拌炒，以少許鹽及1小匙淡味醬油調味，炒好盛起備用。

2 在小鍋中加熱日式高湯，放入薑片，煮滾後轉中小火，輕輕放入牡蠣煮1分鐘左右，或煮到牡蠣接近熟透的程度，即撈起。高湯中加入鹽與剩下的1小匙淡味醬油，煮滾熄火。

3 在電子鍋的內鍋中放入洗好的米、炒過的舞菇、燙過牡蠣的高湯，按下開關開始煮飯。飯煮好後燜10分鐘再開蓋，放入牡蠣再續燜5分鐘即可。

4 要吃的時候再將米飯、舞菇拌勻，你可以將牡蠣以飯匙切成小塊拌進去，這樣每一口飯中都吃得到牡蠣風味；喜歡完整牡蠣的話，就只拌入舞菇就好。

—— 可以用土鍋或鑄鐵鍋直火煮嗎？

當然可以。直火煮的話，前三個步驟相同，一樣將米、舞菇與高湯放入鍋中，點火，先以大火煮滾後轉中小火，蓋上蓋子再煮15分鐘，熄火燜至少20分鐘再打開放入牡蠣。

直火煮的話，有時候水分會噴出，所以通常我會多放一點點高湯。不同土鍋煮的時間略有不同，若是煮的分量增加，時間也會略為拉長，各位可自行調整。

—— 牡蠣為什麼要先燙呢？

若是把牡蠣放進鍋中與飯同煮的話，一定會過熟，所以採取先燙再入鍋燜的方式，而燙過牡蠣的高湯再拿來煮炊飯。

5 分裝入碗，再撒一點蔥花、七味粉一起享用。

風味的延長

不吃牡蠣的話，可以換成什麼呢？

◆ 蛤蜊是不錯的選擇。一樣在日式高湯中煮蛤蜊，開口後即撈出去殼，蛤蜊肉保留起來，最後再放入煮好的炊飯中一起拌勻即可。

三明治二品

我著迷於精巧的三明治，小小的，烤到金黃的麵包，內餡多汁，誰說宴客不能端出三明治呢？

三明治的麵包一定要選品質好的，酸種麵包很適合，土司的話，不要選太軟的牛奶土司，反而要找有一點咬勁的，湯種、英式土司都好。我習慣將麵包烤過，烤到表面金黃焦酥，但如果你喜歡純白的麵包，那就不用烤，還可以把土司邊切掉，這樣口感就一致了。

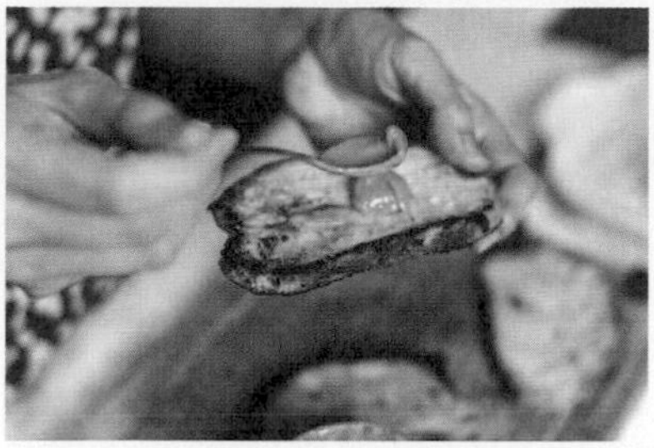

煙燻豬五花三明治

材料

麵包：2片
煙燻豬五花肉：3–4片（請見153頁）
酸黃瓜：2片
芥末醬：適量
有鹽奶油：適量

做法

1 以烤箱或金網將麵包烤熱，趁熱在其中一片塗抹奶油，另一片抹芥末醬。
2 夾入煙燻豬五花肉和酸黃瓜片即可。

花生醬烤雞三明治

材料

麵包：2片
花生醬：適量
去骨雞腿肉或雞胸肉：1片
生菜或番茄：2–3片
鹽：適量
黑胡椒：適量
喜歡的香料（如義式綜合香料）：適量

做法

1 如果時間許可，提早一天以鹽、胡椒、香料醃漬雞腿肉，讓它在冰箱慢慢入味。
2 以平底鍋乾煎雞肉，煎到兩面金黃時，倒入少許清水並蓋上鍋蓋燜幾分鐘，比較快熟，也可以180度烤箱烤15–20分鐘。雞肉切片備用。以烤箱或金網將麵包烤熱，趁熱在麵包抹上花生醬。
3 夾入雞肉、蔬菜後即成。

蛤蜊花椰菜濃湯

材料
蛤蜊：400g
雞高湯：400ml
綠花椰菜：2株
鮮奶油：20ml左右

花椰菜泥再次出場，可見我深愛它的程度。蔬菜泥與煮蛤蜊的高湯是最佳夥伴，毫不費力就得到一鍋好湯，就算沒有雞高湯也沒關係，光是蛤蜊高湯就能為濃湯帶來足夠的深度。

做法
1 烤箱預熱到160度，將綠花椰菜切小朵。蛤蜊吐沙。
2 將花椰菜不重疊鋪在烤盤上，送進烤箱烤20－25分鐘，或烤至表面微焦黃，發出濃郁香氣，即可取出。
3 在鍋中加熱雞高湯，煮滾時放入蛤蜊，煮到開口即熄火，將蛤蜊肉挑出備用，殼丟棄。將花椰菜加入蛤蜊高湯中，以小火慢煮，煮軟後熄火，倒入食物處理機或以手持攪拌棒打成均勻濃湯。
4 打好後再次倒入鍋中點火，加入鮮奶油，煮滾試一下味道再調味，也可加一點黑胡椒。
5 裝碗時，再把燙熟的蛤蜊肉放回去。

—— **一定要用雞高湯嗎？**

不一定，也可以用蔬菜高湯或是日式高湯，如果你手邊真的不方便取得，那用清水也無妨。但是有高湯的話，味道會比較有深度及層次。

—— **可以用其他蔬菜替換嗎？**

可以的，馬鈴薯、綠白花椰菜、栗子、胡蘿蔔、高麗菜都很適合，冬天的時候，可以試試看花椰菜濃湯，不喜歡綠花椰菜的人也會一吃就愛上喔。我很常煮蔬菜濃湯，甚至把它當成一種清冰箱料理。當你發現冰箱裡有什麼蔬菜已經放太久，快要壞了時，不如就把它煮成濃湯吧。

日式蔬菜湯

不久前看了一支採訪日本小學營養午餐的影片，日本重視食育，更在意孩子吃進肚裡的食物，因此營養午餐通常盡可能使用當地產的食材，仔細清細，用心烹煮。影片介紹了完整的製作過程，光是洗菜就經過三個大水槽，重覆三次清洗，很細膩，就更別提烹煮與配菜過程的衛生管控了。

節目訪問的那日午餐也有湯，湯底以昆布與鰹魚片熬煮（真正的鰹魚片與乾燥的大昆布，不是以粉泡成），再加入大量根莖類蔬菜，光從畫面上看到鍋中的熱氣白煙，就覺得日本的小學生好幸福。

那樣的蔬菜湯我也常煮，覺得蔬菜攝取不夠的冬天，這樣的一鍋湯能讓你不論是身體或心靈都很滿足。

材料

煙燻五花肉…1小截
胡蘿蔔…1根
白蘿蔔…1/3根
鴻喜菇…1包
香菇…2朵
日式高湯、雞高湯或清水
鹽…適量

做法

1 煙燻五花肉切細丁或條，紅白蘿蔔切小塊，鴻喜菇剝散，香菇切片。

2 在鍋中炒香煙燻五花肉，炒到微焦後，倒入高湯，再放入紅白蘿蔔與菇類，煮滾後轉小火再煮30分鐘左右。

3 以鹽調味。若是時間足夠，放涼擺幾個小時或甚至一晚上，加熱再吃會更美味。

餛飩二品

每回包餛飩，我都會準備一個大調理盤，鋪上烘焙紙防沾黏，然後將一個個包好的餛飩面朝同一方向婷婷站立，整整齊齊露出她們的小屁股，真是性感極了，每次包餛飩都好想多捏一把（唉呀，我真糟糕）。不過包餛飩實在療癒，反覆操作同樣的動作，幾乎不用動腦，半小時後就能得到一大盤漂亮的餛飩。

外面賣的餛飩，常常加了白胡椒，但偏偏我很不愛白胡椒的味道。因此每次在外面吃餛飩湯，第一口要是吃到白胡椒的味道，這家店就立刻出局。我喜歡純粹、乾淨的豬肉味，一定得是黑毛豬才能有如此乾淨的味道，加白胡椒都會讓我不禁想著，是不是豬肉不夠好才要加香料掩蓋？開始自己包餛飩後，就再也沒有買過外面現成的了。這當然是我個人偏見，你若是想加還是可以加啦。

餛飩

材料

豬絞肉：300g（絞細的，八瘦二肥）
蝦仁：200g
餛飩皮：300g（約30-40張）
蔥：2根
淡醬油：適量
鹽：適量
清水：大約1/2杯
油：1小匙

做法

1 蝦仁去腸泥，切小塊，一隻大約可切7-8塊；蔥切蔥花。

2 豬絞肉放在一個大缽中，以手或是筷子同方向攪拌，一邊加入一點點清水，一次不要加太多，待絞肉吸收水分後，再繼續加，300g的肉大約可打入半杯水。

3 打好水後，加入蝦仁、蔥花拌勻再調味，先加鹽、淡醬油，最後再放油，全部拌勻即可準備包了。

餛飩包法

將餛飩皮放在手掌中，在皮的四周各點少許清水，中間放一匙餡料，先對折，尖端對尖端，再將兩側的麵皮拉到前方黏起。動作務必輕巧，重點在於每一邊都一定要壓緊，盡量把空氣壓出，這樣煮的時候才不會進水。詳細包法請見下方影片：

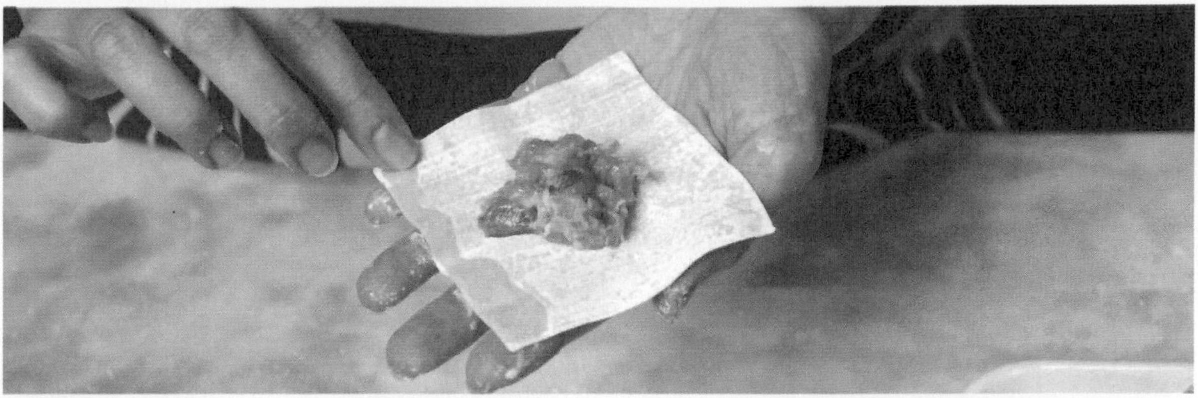

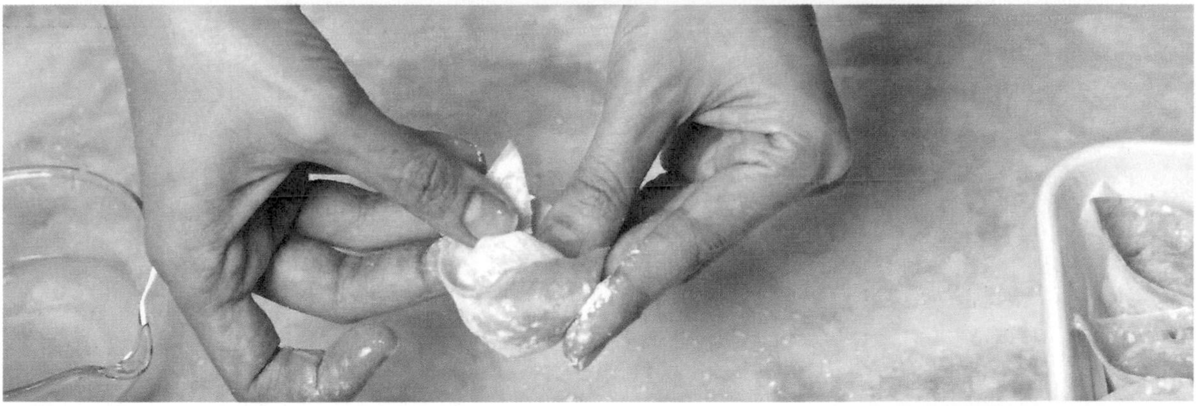

紅油抄手

材料

餛飩：12顆
桃屋辣醬：1大匙
川味紅油：少許
三月醬油：1小匙
白糖：少許
高粱醋：少許

做法

1 煮一鍋滾水，轉中火再放入餛飩，煮到浮起後，再煮10–15秒即可撈起。
2 拌入食材裡所有醬汁，也可抓一小把蔥花一起拌入。

竹筍餛飩湯

材料

餛飩：12顆

雞高湯：500ml

茅乃舍高湯：300ml

煮熟的綠竹筍（或其他喜歡的蔬菜）：1支

芹菜末：1把分量

做法

1 煮一鍋滾水，轉中火再放入餛飩，煮到浮起後，再煮10-15秒即可撈起。

2 加熱兩種高湯，放入切片的綠竹筍煮大約5分鐘，再加入煮好的餛飩，熄火放芹菜末即成。

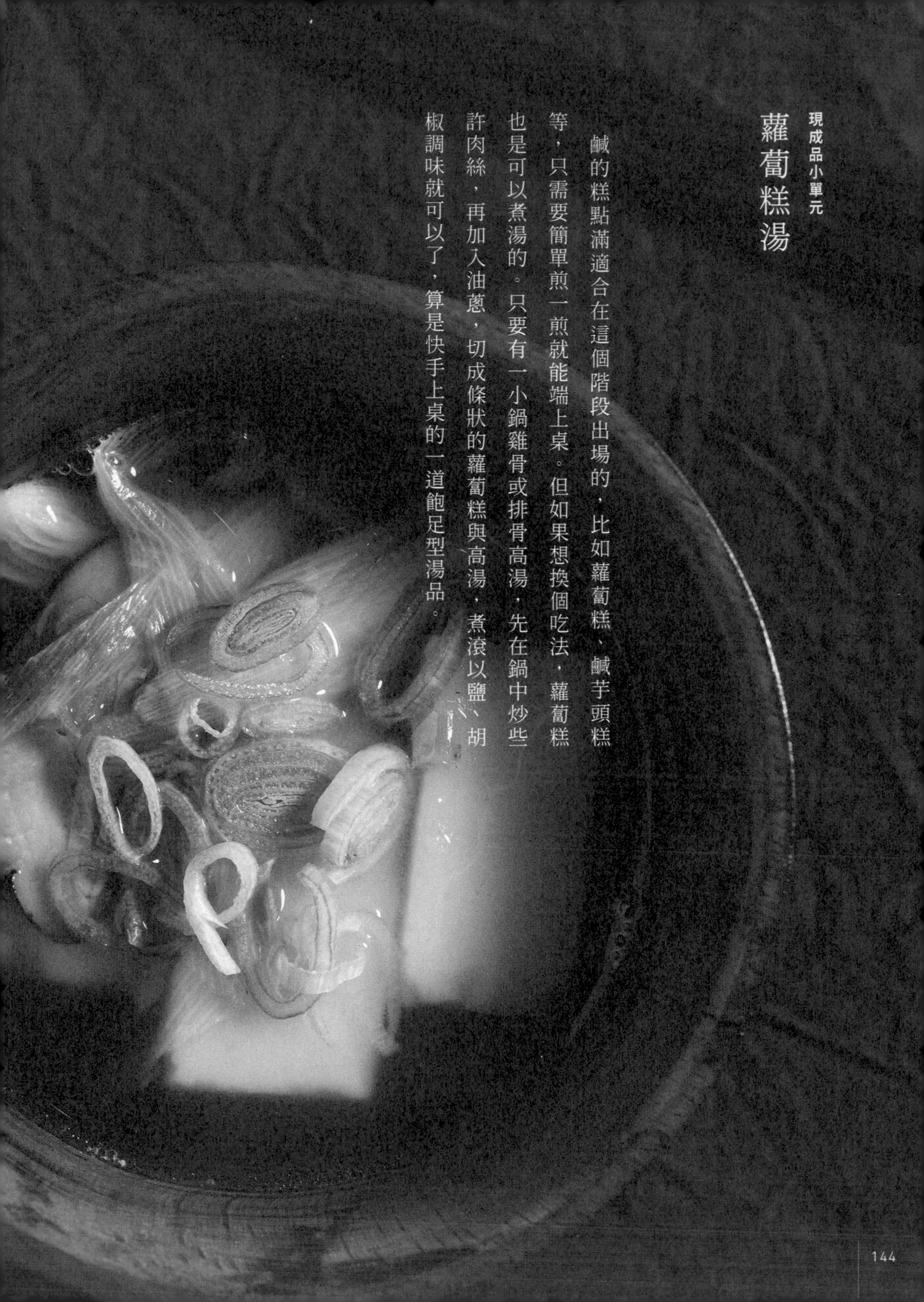

現成品小單元

蘿蔔糕湯

鹹的糕點滿適合在這個階段出場的，比如蘿蔔糕、鹹芋頭糕等，只需要簡單煎一煎就能端上桌。但如果想換個吃法，蘿蔔糕也是可以煮湯的。只要有一小鍋雞骨或排骨高湯，先在鍋中炒些許肉絲，再加入油蔥，切成條狀的蘿蔔糕與高湯，煮滾以鹽、胡椒調味就可以了，算是快手上桌的一道飽足型湯品。

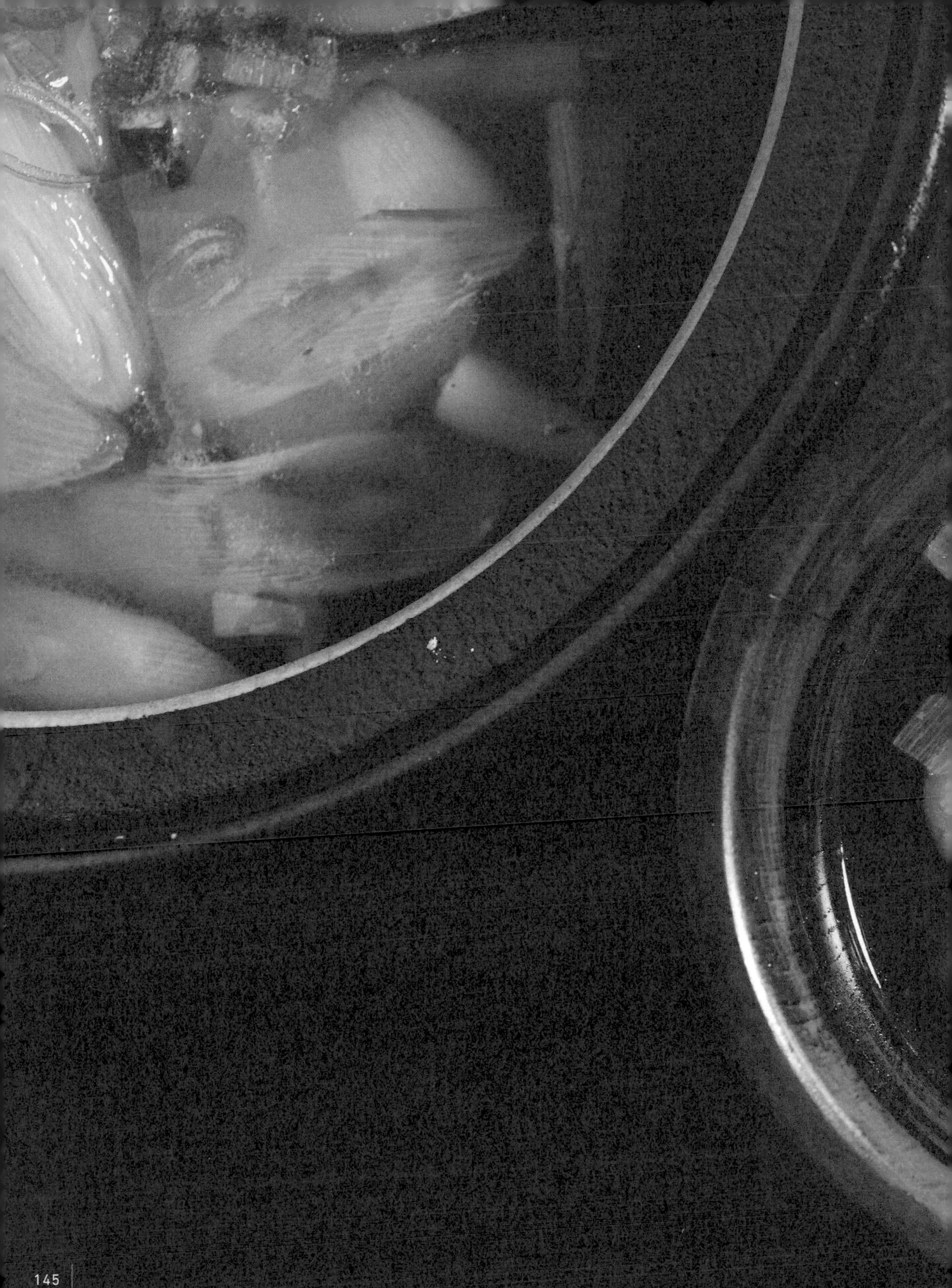

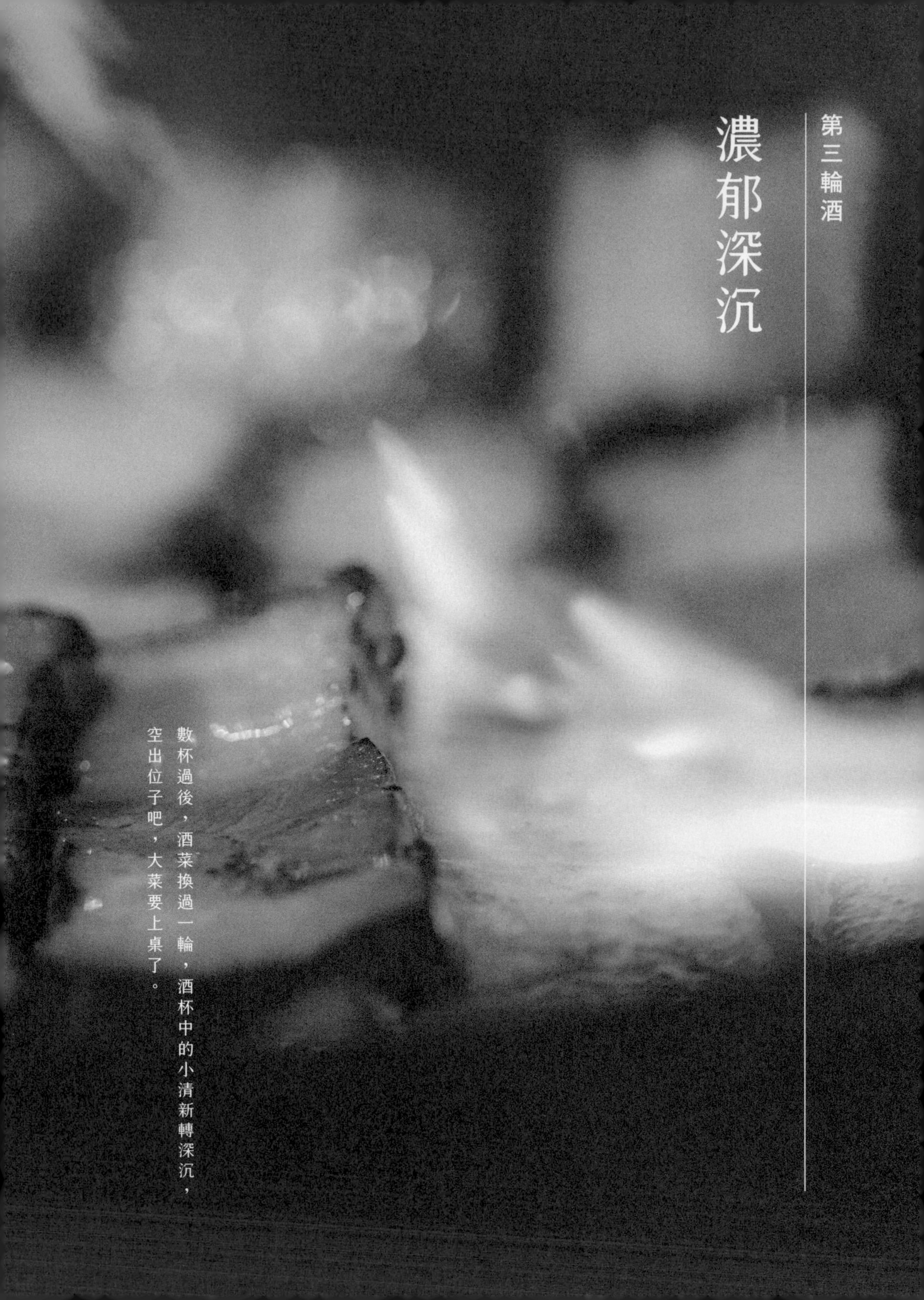

第三輪酒

濃郁深沉

數杯過後，酒菜換過一輪，酒杯中的小清新轉深沉，空出位子吧，大菜要上桌了。

主菜要上桌了，打開那瓶有過桶的酒吧。

通常此時，眾人大約已超過半飽，為了讓大家能順利吃下主菜，也為自己爭取出菜時間，我總是說，「快點站起來去客廳走十圈！」或「去繞中島二十圈！」強迫大家離開椅子或沙發。趁大家起身活動時，我則趕緊回到廚房加熱燉肉或檢查烤箱裡的菜，甚至起爐火現做。

但說歸說，沒有用，飽的人仍是一樣飽，唯一能繼續下肚的，大概只有酒了。而至於那些胃裡還有空間的人，倒常常擠到我身邊，好奇地探頭探腦，想知道一會兒要上什麼菜。

上主菜是大事啊，代表大塊的肉、整條的魚要出場了，把桌面清一清，前幾輪沒吃完的小菜撤下，為大家換過盤子餐具，再拿出一小時前已先開瓶、逐漸甦醒的紅酒，緩緩注入每個人的杯中。酒來到第三輪，已經不是走清爽路線了，是時候讓珍藏的濃醇紅酒出場。

好的，我們準備好了。

老派的主菜總是避不開大魚大肉，
牛排、燉牛肉、烤全魚、煎大蝦，
好像不這樣就不能算合格的宴席。
即使在米其林餐廳，一整套有十五道菜的 Tasting Menu 中，
最後上場的仍然免不了是牛排或鴨胸，
雖然可能只有小小一塊，但大家對「主菜」這個概念，
多少還是有刻板印象的期待。

這兩年我漸漸放下這些經典、傳統的菜餚，
盡量模糊所謂「主菜」與「前菜」的差異，
對我來說，一場宴席上的每道菜同樣重要。

與其以食材或分量來區隔主菜及前菜，
倒不如說，
是以風味的深淺濃淡來區分。

豬五花二品

五花肉是邪惡的誘惑，好的五花肉至少要有五層，肥瘦相間，比例均勻，入口才能軟硬適中，同時吃得到肥肉的油和瘦肉的肉味。

我做的五花肉不炒焦糖，不求赤濃醬色，甚至也不先煎過每塊肉，完全不走正統路線，非上海菜也非台灣傳統滷肉，是我的懶人版本。唯一只講究豬肉先走活水，再以全酒燉煮，煮到入口即化，酒氣轉香氣，就成。

KAI
78.3°C
INSTANT READ
THERMOMETER

煙燻五花肉

材料

五花肉醃料

寬度至少4公分的豬五花肉…2條

粗鹽…2大匙

黑胡椒…1大匙

煙燻紅椒粉…1小匙

五香粉…1小匙

紅糖…1大匙

楓糖漿…1大匙

醬油…1小匙

煙燻材料

木屑、麵粉、糖、茶葉…各少許

做法

1 五花肉（帶不帶皮皆可）修整乾淨，每一面完整撒上鹽及黑胡椒，放在密封容器中或以保鮮膜完整裹緊包起，在冰箱冷藏3天。

2 3天後取出，每一面均勻撒上煙燻紅椒粉、五香粉，拿一小碗，混合紅糖、楓糖漿與醬油，攪拌至糖融化後，將醬汁刷在每一面肉上。再次放入密封容器中或以保鮮膜包起，在冰箱冷藏2天。

3 2天後取出，準備煙燻。煙燻鍋或是大炒鍋底部鋪上一到兩層鋁箔紙，放入麵粉、木屑、糖與茶葉，再放上網架，蓋上蓋子，點火。

4 待溫度上升到80-85度間，鍋裡也起煙時，就可以準備放入五花肉了。將火轉小，打開鍋子迅速把五花肉放入鍋中架上，蓋上蓋子開始煙燻。

5 隨時注意鍋中溫度，調整火的大小，盡量讓它維持在90-95度間，不要超過95度，如果溫度一直升高，就暫時熄火讓它略為降溫。大約燻15分鐘左右，觀察一下肉的表面是否轉為深咖啡色，看上去是不是已經差不多熟了。如果覺得應該熟了，就打開鍋蓋，以溫度計測五花肉的中心溫度，達到75度即可。

6 取出後，稍微放涼至少15分鐘後再切片，吃時搭配薑絲、蒜苗，沾白醋享用；也可以冷藏保存，要吃之前再回烤。回烤可用小烤箱，大約180度烤10分鐘，或以噴槍快速加熱。

風味的延長

◆ 我強烈推薦每個人的冷凍庫裡都應該要有一條，分切成一次使用的量，要用時解凍，炒飯、炒義大利麵、炒青菜、做燉飯非常方便，甚至只是切薄片炒蒜苗都好，晚餐少一道菜，馬上能救急。

醬滷五花肉

材料

五花肉…2條
蒜苗…1根
大蒜…2瓣
八角…1枚
辣椒…1截
米酒或日本酒…足以蓋過五花肉的量
醬油…約100㎖
冰糖…適量（視對甜的喜好度增減）

做法

1 五花肉切大塊放入鍋中，加入蓋過它的冷水，以中小火煮。煮的過程會慢慢浮出泡泡與渣末，將它們撈乾淨。煮到水快要滾之前熄火，將五花肉沖洗乾淨，煮肉水倒掉。

2 重新在鍋中放入五花肉、剛好蓋過它們的米酒或日本酒，以大火煮滾，撈除浮泡後開始加入佐料及調味料。添八角、蒜苗、大蒜、辣椒、醬油與冰糖，再次煮滾後轉小小火，煮40分鐘熄火，蓋上蓋子燜1–2小時。

3 再次點火，以小火煮30分鐘，中途可用筷子試著戳戳看，如果煮透煮軟，則可提早熄火，反之則可延長時間，因為不同豬肉不同厚度烹煮時間不同，得自己判斷一下。

4 吃的時候可以再切更小塊些，或略微放涼再切片，搭配薑絲或同滷的蒜苗一同享用。

風味的延長

為什麼不一次煮到底，要分兩次呢？

◆其實要讓燉煮類充分入味，卻又不至於煮太爛的要訣，當然是不要煮太久，以鍋子的餘溫用燜的慢慢入味，所以需長時間燉煮的肉類，我通常煮一段時間後會先熄火加蓋，過1–2小時再重新起火燉煮。這樣一來能夠稍微縮短燉煮的時間，二來用燜的反而能更入味。

刈包吃法

◆滷好的五花肉可以拿來夾刈包，只要買到現成的刈包皮、花生粉、酸菜與香菜即可。可惜拍照這天，我的香菜剛好用完，所以少了點綠意，但一樣美味。

白酒橙醬里肌豬肉卷

豬肉卷是名副其實的大菜，切片淋醬端上桌就是大器，宴客的時候，最好挑一個特大盤子來裝。

第一次吃這道菜，是在那一家我很愛的義大利餐廳，他們以直火烤，烤成漂亮的九分熟，搭配巴西里青醬享用（食譜請見六十四頁），特別極了。試著在我家餐桌重現這道菜，但想換一種醬汁，利用煎鍋中剩餘的油脂做了白酒柑橘醬，也很搭呢。

我在幾道不同的肉料理中運用過橙醬，配豬肉或雞肉的效果特別好，白肉海鮮也搭，所以即使我幾乎不吃果醬，果醬於我，唯一的功用只是用來入菜及做甜點，我還是隨時在冰箱裡放一罐備用。

材料

小里肌肉…1條
義大利培根…8-10片
鹽、黑胡椒…適量

醬汁

白酒…60㎖
洋蔥…1/4顆
奶油…20g
柑橘果醬…1大匙

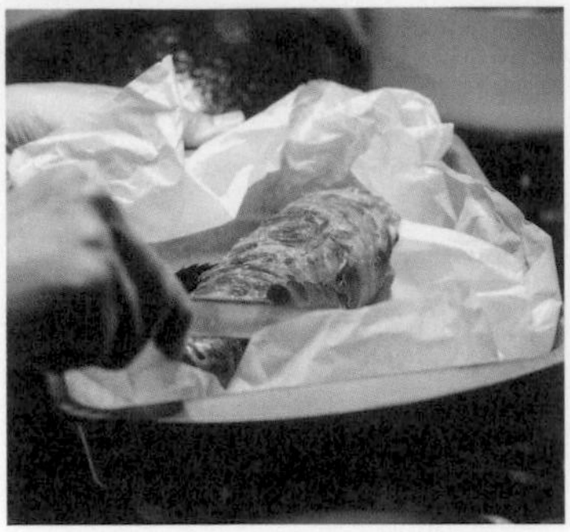

做法

1 里肌肉稍微修整，將粗細修齊，每一面均勻撒上鹽與黑胡椒。如果時間許可，提早一晚醃製，能比較入味。洋蔥切細末。

2 在里肌肉外一圈一圈裹上義大利培根，要完整包覆里肌肉，培根與培根的接口盡量排在同一面。

3 熱鍋，在平底鍋中煎里肌肉卷，有培根接合的那一面朝下先煎，把接口封住比較不會散開。每一面都要煎到，煎到金黃即可翻面，全部煎好後，放入烤箱以190-200度，烤大約15分鐘，或中心溫度達72度即可。

4 從烤箱取出後不能馬上切，至少要靜置5-7分鐘再切開。

5 趁肉在靜置時來做醬汁。在剛才的煎鍋中炒洋蔥末，炒到軟化金黃後倒入白酒、果醬，煮到果醬化開後，再放入奶油，略微收汁後即可。

風味的延長

不做橙醬的話，還有其他適合的醬汁嗎？

◆ 換成莓果類的果醬也適合。如果不使用果醬，直接用新鮮柳橙汁也不錯噢，再切幾片橙肉進去，會是另一種風味，但因為果汁較稀，必須稍微熬煮到收汁才行。

—— 多說一點

豬里肌就是常說的腰內肉，去吃日式炸豬排時，如果想要非常軟嫩、沒有筋的部位，通常就點腰內肉。中式吃法有時會切薄片來炒，或是切厚片煎成豬排。而西式做法中很經典的一款，則是在里肌肉外裹上一層義大利培根，培根除了能為豬肉帶來風味外，還能將肉汁包住，即使進烤箱烤過，也不會乾、不會柴。

好的豬肉可以吃九分熟，多汁且軟嫩。如果你用的豬肉品質非常好，來自你信任的肉鋪，那麼就可以試試粉紅色的肉，大約九分熟；但如果你心中還是有所疑慮，那就把它烤到全熟吧。食譜中提到肉的中心溫度要達72度，烤出來是粉紅色的肉，如果想要保險一點的全熟，那就烤到中心溫度75度以上。

茄汁紅酒燉牛肉

紅酒燉牛肉是很多人心目中的經典法菜代表，提到法國家庭料理，就會想到紅酒燉牛肉。的確沒錯，這道菜的傳統做法，即是以全紅酒、完全不加水慢燉而成。許多世界知名的大廚對這道菜餚各有所演繹，所以做法版本非常多，有人以全酒燉煮、有人加了小牛高湯、有人加番茄有人不加、有人事先以紅酒醃肉一整晚……。

這道菜看上去材料很多，但其實真正核心的材料就只有牛肉、洋蔥、番茄罐頭與紅酒這四樣，其他都可以視情況調整。很多人對這道菜望之卻步，覺得很難很複雜，所以不大敢做，的確，正統做法確實麻煩了些，不過我提供的是家庭主

婦簡易版，大家都做得出來，或許滋味不那麼正統法國味，但做法簡單，而且好吃極了。

材料

牛肋條：500g
洋蔥：2顆
番茄罐頭：1罐
番茄糊：2大匙
喜歡的紅酒：200ml
牛骨高湯或雞高湯：800-1000ml
巴薩米克醋：1大匙
鹽、黑胡椒：適量
月桂葉：2片
百里香：少許
其他喜歡的蔬菜如蘑菇、香菇、胡蘿蔔：適量
醬油：1大匙（可省略）

做法

1 牛肋條切塊，均勻撒上鹽；洋蔥切絲，其他蔬菜也大略切成適口大小；高湯加熱。

2 在大深鍋中炒洋蔥，炒到軟化、微微轉金黃時，放入牛肉一起炒，確認全體沾到油之後，以鹽、黑胡椒調味，並加入月桂葉與百里香。

3 倒入紅酒，刮一刮鍋底，以大火將酒氣煮掉後，加入番茄罐頭、番茄糊、高湯，全體煮滾。撈淨浮泡與細渣，試一下味道，再評估需要加多少調味料，鹽、黑胡椒與巴薩米克醋或其他香料。我習慣在西式燉菜裡也加少許醬油，增加層次，分量不多，其實吃不到醬油味，但是整體風味提升很多。

4 以最小火慢燉90-100分鐘，視牛肉大小與肉質而定，其他蔬菜在最後40-50分鐘左右再加入，加入前先炒過更佳。

5 除了爐火慢燉，也可放進140度左右的烤箱慢烤相同的時間。時間到後，不打開烤箱，把整鍋留在裡頭放到涼，才拿出來冷藏或加熱享用。

風味的延長

◆ 關於配料，傳統的法式配方，最常見的是配胡蘿蔔、珍珠洋蔥與蘑菇，而馬鈴薯、地瓜、各種菇類也都可以加。根莖類雖說耐煮，但煮到100分鐘也太久了，先單獨炒過，最後40分鐘或隔天再加就好。菇類則更耐煮一點，可以一起煮或晚點加入都可。

—— 多說一點

關於肉質與烹煮時間，其實不同的牛肉、不同部位，所需要的烹煮時間差很多。美國牛肉質較軟，煮的時間略短，台灣牛則需要多一點時間，平均大約比美牛多20分鐘左右。

例如美國牛肋條，大約90－100分，牛腱大約70－80分，牛頰也是90－100分左右，牛筋的話至少要120分，但也不是絕對，一定要自己用筷子戳戳看，千萬不能放下去煮就不管它，還是偶爾要看一眼。

白酒奶油芥末燉雞

材料

雞翅小腿：5-6支
洋蔥：1/2顆
胡蘿蔔：1小根
蘑菇：7-8顆
鹽：適量
黑胡椒：適量
法式芥末醬：1大匙
白酒：100mℓ
鮮奶油：40mℓ

燉雞是法菜的定番，不同地區有各種不同的版本。地中海地區會加入新鮮番茄；諾曼第盛產蘋果，當然以不甜的氣泡蘋果酒入菜；而勃根地毫無疑問，會加入紅酒。

這裡介紹的是基本配方，白酒、鮮奶油與法式芥末醬，三個互助互補的好朋友。我喜歡芥末在這道菜裡的角色，為鮮奶油基底增加微微的酸度與些許醃漬物的味道，讓奶油吃起來不那麼膩口。

做法

1 雞翅小腿（也可換成雞腿）兩面撒鹽與黑胡椒醃一下；洋蔥切絲；胡蘿蔔切滾刀塊；蘑菇不要洗，用餐巾紙擦過表面，大顆的對切，小顆的就整顆下鍋。

2 在鍋中先煎雞翅小腿，將每一面都煎上色後取出，原鍋炒洋蔥，炒到透明後放入胡蘿蔔與蘑菇，再翻炒幾下讓所有材料都沾到油後，將雞肉放回。

3 倒入白酒，轉大火將酒氣燒除，湯汁只需要能蓋過材料的一半多即可，如果湯汁太少，就加一點清水或高湯，以鹽、黑胡椒與芥末醬調味後轉小火燉煮25-30分。

4 確定雞肉已煮軟後，倒入鮮奶油拌勻再煮1分鐘即可熄火。

做西式燉煮料理時，我會加入發酵品或醃漬物，
比如白酒奶油燉雞中的法式芥末醬，
又比如燉牛肉中的醬油或巴薩米克醋。

我常覺得，
西式料理與中式、日式料理不同，不使用醬油，
調味說單一也真的是滿單一的，
幾乎只以鹽、胡椒、香料、高湯與酒撐起，
少了發酵過的醬料，
感覺層次就稍弱了些。

所以我喜歡多方嘗試，
酸豆、漬橄欖、漬鯷魚是基本的添加物，
有時也偷渡中式的醬料，
如醬油、蔭油、豆鼓、破布子、腐乳、豆瓣醬、味噌、醃梅到西式料理中，
非常美妙。

鐵板雞腿

我向來認為，煎雞排是最能突顯鐵板優點的食物，因此每回吃鐵板燒（平價的那種）時，我愛點雞腿排勝於牛排。

只要有溫度均勻的厚鐵板，就算是技術二流的師傅都能煎出漂亮的脆雞皮，酥脆到用筷子輕敲都有聲音。那股一口咬下、與牙齒碰撞的喀喳感，實在太美妙了，不需要醬料，只要沾一點點胡椒鹽，就能讓你升天了。

材料

去骨雞腿：1片
麵粉：1小匙
鹽：適量
黑胡椒：適量

做法

1. 雞腿以餐巾紙完全擦乾，兩面撒鹽與黑胡椒。由於它是一道乾煎料理，沒有要再燉煮，一開始調味就要足。且在煎的過程中，很多鹽會掉落，所以事前撒鹽不用手軟。兩面沾麵粉。
2. 燒熱鐵板或平底鍋，要熱到肉一下去會滋滋滋作響的程度才行。
3. 帶皮面朝下煎至金黃色，大約2分到2分半鐘，翻面再煎2分半，可以再次翻面。火不用太大，有耐心地慢慢煎到熟。搭配芥末醬、胡椒鹽或擠點檸檬汁享用。

—— **多說一點**

雞腿排很厚，不容易煎到熟，有幾個方式，一個是加蓋燜一下，另一個方法是像外頭鐵板燒那樣，兩面煎上色後切塊或切長條，再煎肉的斷面，這樣會快很多。

給菲菲的北非風燉羊肉

材料

羊肉塊（可用羊腩、羊肩或羊五花等）：400g
洋蔥：2顆
胡蘿蔔：1根
鹽漬檸檬：1顆
濃郁的紅酒：150㎖
高湯（牛高湯、羊高湯或雞高湯皆可）：大約1000㎖
孜然：1小匙
肉桂粉：1小匙
瑪薩拉綜合香料：2大匙
紅椒粉：1大匙
鹽：適量
黑胡椒：適量

這本書本來沒有羊肉的，天地良心，我完全不吃羊肉啊。大家或許知道我的好朋友菲菲，在我的粉絲專頁每則貼文下方留言吵鬧要吃羊肉的那個菲菲。出書前不久，編輯與我半開完笑地說，要是菲菲願意買三十本書，那我們就幫他在書裡加一道羊肉料理吧。

沒想到他居然答應了。

那只好來加。去年他生日時，我為了他直播煮羊肉，當天除了現炒一盤香菜羊肉外，還有一道北非風味的燉羊肉，裡頭加了很多香料，是事先燉好後放一晚入味的料理。雖然我一口都沒吃，但所有吃到的朋友都說很棒，那就來把食譜分享給大家。

做法

1. 羊肉均勻撒鹽、黑胡椒，略微醃漬；洋蔥切末；胡蘿蔔切適口大小；鹽漬檸檬去掉果肉，將皮切小片。
2. 在鍋中煎炒羊肉，表面上色即可撈起，同鍋炒洋蔥末，洋蔥透明軟化時，再加入胡蘿蔔同炒，確認都沾到油脂後，把羊肉放回鍋中。
3. 加入所有香料與調味料，充分拌炒均勻，倒入紅酒，稍微刮一刮鍋底。酒氣煮掉後，再倒入可蓋過所有食材分量的高湯。
4. 大火煮滾，撈掉浮泡，再轉小小火，試試味道，看需不需要補調味。以小小火燉煮1個半小時到2小時，煮到羊肉柔軟入口即化。也可加蓋、鍋間留縫，送進150度的烤箱2小時。
5. 煮好後放涼冷藏1天再享用。

—— 鹽漬檸檬怎麼做呢？

這款燉肉最重要的調味料是鹽漬檸檬，它是許多北非菜裡不能少的元素。

鹽漬檸檬可以自製，非常容易。先混合大約4：1的粗海鹽與白糖，將黃檸檬帶皮對切，劃十字深刀，把鹽糖混合體塞入劃開的縫中，再裝入密封罐內，緊緊塞著，塞滿一罐後，多餘的鹽糖也都倒進去，加入1顆檸檬汁，封口，放在室內陰涼處。之後每天略為搖晃瓶子，幫助鹽糖b溶解，大約1個月後就可以使用。放在冰箱內，可保存1年。

奶油煎大干貝佐檸檬香料醬

一百分的干貝，內部一定是半透明的，吃起來略微黏牙。煎到全熟絕對不行，是褻瀆，干貝會哭喔。

但話說回來，大約在我二十歲以前吃的每一顆干貝，都熟透了，可以清楚看看一絲一絲干貝纖維的那種熟透。我甚至也從未吃過生的干貝，因為比媽會把所有食物都煮到全熟，她認為沒有well-done的食物不能吃（攤手）。後來，有幾年我接掌家裡的年夜飯，身為總主廚的我，總要在比媽煎奶油干貝的時候繃緊神經，大聲叫著「太熟了太熟了，快點拿起來啦」。

如果你跟我一樣，從未吃過半熟的干貝，我相信你第一次吃到的時候，會感動落淚。

材料

大顆生食等級干貝…4顆
黃檸檬…2顆
紫蘇葉…2片
橄欖油…適量
義大利香芹…1小把
鹽…適量
無鹽奶油…1小塊
黑胡椒…適量

做法

1 干貝徹底退冰，擦乾。

2 準備香料醬。黃檸檬磨皮，將紫蘇葉、義大利香芹切很細的碎末，加入檸檬皮、一點鹽混拌，倒入橄欖油與檸檬汁，靜置入味。

3 干貝兩面撒鹽，在鍋中熱奶油，等奶油化了後，放入干貝煎兩面。一面大約煎1分到1分半鐘，看大小而定，翻面，再煎1分鐘，不要煎過熟，中心應該要是微微透明狀態。

4 起鍋，盤中放入干貝，搭配紫蘇檸檬醬享用。

奶油紅醬燴海鮮

材料

鮭魚菲力魚排：1片（約1-1.5公分的厚度）
蝦仁：8尾
蛤蜊：200g
洋蔥：1／4顆
鴻喜菇：1／2包
義大利香芹：1小把
罐頭番茄：1／3到1／2罐
白酒：30㎖
鮮奶油：約30㎖

這算是十五分鐘可以快速上菜的海鮮傑出料理代表，只要使用魚肉塊、蝦仁，就能在短時間內煮熟入味。宴客的時候，這道菜要現做，而不是事先煮好放著，因為海鮮再次加熱很容易過熟。

這道菜也適合做為上班日的晚餐，趁燉煮收汁的時候烤熱麵包片或煮一把義大利麵，就能快速上桌。

做法

1 鮭魚切塊，蝦仁去腸泥，略微撒鹽備用；蛤蜊吐好沙洗淨；鴻喜菇剝開成小朵；洋蔥切細丁；義大利香芹切末；罐頭番茄大略切塊。

2 在鍋中先煎蝦仁，兩面煎過即可取出；接著煎鮭魚，一樣每一面都煎上色後就取出。

3 在原鍋中炒洋蔥，炒軟後加入菇類續炒，加一點白酒刮鍋底，再倒入罐頭番茄，如果覺得太乾就加一點水，稍微煮一下，將番茄與湯汁煮到融合後，再放入蛤蜊。

4 蛤蜊快要開口時，再放回煎過的蝦仁與鮭魚。煮1分鐘左右，倒入鮮奶油拌勻即成。

5 最後撒一把義大利香芹末增香增色。

日式醬煮魚

連續很多年，抵達東京的隔天一大早，一定是去築地場內市場的「高はし」報到，只為了煮魚。他們家的煮魚只有簡單的醬汁和一、兩片薑片，有時甚至連薑也不放，這是對自家挑選漁獲的眼光極有信心才敢這麼做的。他們以喜知次知名，熟客必點，有時沒有喜知次，也可點鰈魚或紅甘，魚肉幼嫩，醬味不會蓋過魚味，不配飯也完全可以，所以我通常不做成定食，單純配一壺冷酒。但常看到鄰座大叔或小哥，把醬汁淋到飯上大口扒飯的態勢，實在爽快。

後來築地搬遷，場內市場許多店家跟著移到豐洲，高はし也搬了，但再也不是原來的店面了，氣味不對，人也不對，全都是觀光客，就連走在市場裡窗明几淨的通道，也不大對了。

煮魚，只能自己煮來回味。

材料

全魚：1尾（300-400g）
薑片：2-3片
嫩薑：1小撮
醬油：50mℓ
日本酒或料理酒：50mℓ
味醂：30mℓ
日式高湯或清水：300mℓ
糖：15g

做法

1 魚的內外洗淨，擦乾，全體魚身包括腔內撒細鹽，以手抹勻，靜置10分鐘左右，通常會出些許水分，以廚房紙巾將水分擦乾，這樣就完成魚的前置準備了。

2 鍋中倒入所有液體，包括高湯、醬油、日本酒、味醂與糖，薑片也放入，煮滾後轉小火再煮1-2分鐘，將酒氣煮散，再轉中火，輕輕放入魚。

3 醬汁沒有蓋過魚沒關係，以湯匙舀起醬汁澆在魚上或覆蓋一張烘焙紙，慢慢讓它吸汁入味，不用翻面。視魚的大小，煮8-15分鐘不等，以筷子插入魚身最厚的部分，若是能輕易穿透就熟了。

4 可以搭配嫩薑絲一起享用。

—— 哪些魚適合呢？

幾乎所有魚都適合，只要你喜歡。我自己偏好白肉魚，黑喉、紅喉、鯛魚、金線蓮、長尾鳥、馬頭、赤鯮都可以。重點是不要用特大火煮，魚肉很快就老了，也容易散掉，以中火煮、維持小小滾的狀態剛剛好。

我們家大約一星期會吃一次魚，
稱不上多，因為比起魚，我更偏好貝殼類與蝦蟹，
但也因為偶爾才吃，更要用心料理。

不論是市場的鮮魚或超市急凍再退凍的，
都要仔細洗淨魚身內外，徹徹底底擦乾再抹上足夠的鹽。
不論是要烤要蒸或要煮，都應該要這樣先處理過，
鹽能夠帶出魚肉的鮮甜，不能省略。

小時候我不善吃魚，
總覺得刺多又有腥味，就連生魚片，我也是長大以後才開始吃的，
所以吃魚，對我來說是大人的滋味，
開始自己下廚後，
才真正感受到魚的美味。

檸檬香料烤小洋芋

材料

迷你馬鈴薯：6顆
新鮮檸檬：1顆
義大利香芹：1小把
洋蔥：1/8顆
紅辣椒：1根
大蒜：4-5顆
檸檬汁：適量
粗海鹽、黑胡椒：適量
橄欖油：適量

烤小馬鈴薯在幾年前紅極一時，那陣子網路上大家都在做，最多人做的是莊祖宜的版本，加了蔥花，我也跟著做了幾次，真的非常美味。後來我又自己嘗試了幾種配方，加香菜的、加紫蘇的，到最後是現在的定版，檸檬、義大利香芹與辣椒，被我戲成為「傑米奧利佛版」（因為他什麼菜都加檸檬與辣椒），也很好吃呢。

在這裡畫龍點睛的是滿滿大蒜香氣的橄欖油，趁熱澆在烤過的馬鈴薯上，又鬆又綿的馬鈴薯吸滿蒜香橄欖油，當配菜還有點可惜呢。

做法

1 馬鈴薯去芽眼；洋蔥切細末；紅辣椒剖開，去籽再切細末；大蒜拍開切末；義大利香芹切末。

2 馬鈴薯放入電鍋蒸熟，烤箱預熱到180度。

3 拿一小鍋，加入大蒜和橄欖油，以小火加熱，慢慢逼出香氣後熄火。

4 蒸熟的馬鈴薯以布巾壓著，趁熱把它稍微壓扁壓開，放入可進烤箱的烤盤或小鍋中，撒入足量粗海鹽，淋上剛才的大蒜橄欖油，送進烤箱中烤到表面金黃，大約需10-12分鐘。

5 準備香料，義大利香芹、洋蔥末，辣椒末，再磨一些檸檬皮，將它們混合均勻，加入鹽、黑胡椒、檸檬汁與橄欖油。

6 將香料醬汁淋在烤過的馬鈴薯上即可享用。

烏魚子芥藍

我家冷凍庫現在有五片野生烏魚子，而且這是過完年後的存量，可見年前我是多麼富裕的烏魚子大富翁。

在我家，除了烤了切片配蒜苗或爽脆水果同吃外，其實烏魚子入菜的舞台效果更動人。在汆燙或清炒的青菜上隨手現磨，海鮮類小菜頂端放一些碎片，奶油義大利麵裡抓一大把，不但入口鮮味爆表，拍起照也絕對上相。所以說，一年不囤個至少五片怎麼夠呢？

材料

烤過的烏魚子：1小片
芥藍：1把
鹽：適量
橄欖油：適量
大蒜：2瓣

做法

1 芥藍洗淨，削除硬皮，切成長段；大蒜拍開，大約切塊。
2 芥藍先以滾水略燙過，大約燙到半熟。
3 在鍋中倒入大量的橄欖油和大蒜，以小火將蒜香逼出，待油熱香氣撲鼻時，放入芥藍與橄欖油一同拌炒，必要時也可加少許高湯燜一下，熟了即裝盤。
4 現磨烏魚子末撒在芥藍上。

—— 為什麼要先燙芥藍？

先燙再炒可以保持蔬菜的翠綠顏色，而且燙過後比較容易炒熟，在鍋中不需炒太久，有時為了把這類硬梗的蔬菜炒到全熟，往往容易炒太熟或太爛，事先燙過再炒反而能抓到剛剛好的熟度。

—— 還有其他什麼蔬菜適合這樣做呢？

十字花科的蔬菜如青花筍、油菜都很適合，春天的蘆筍、四季豆也不錯。蔬菜配上鹹香海味的烏魚子，除了增加華麗感外，風味也大幅提升。

柳橙胡蘿蔔沙拉

「胡蘿蔔有種土味，我不大敢吃欸。」她說。

「妳先試試看再說。」我說。

我其實是有信心的，倒不只因為我用的是有機胡蘿蔔，也不只因為現在農業如此厲害，胡蘿蔔有土味應該是上個世紀的事了；真正讓我有信心，覺得平常不吃胡蘿蔔的人也絕對吃得下去的原因，是這個配方。

柳橙或香吉士酸甜，胡蘿蔔削成緞帶狀後薄脆，不論是口感或風味都很飽滿，做為一道肉類主菜旁的清口沙拉，實在是稱職的。

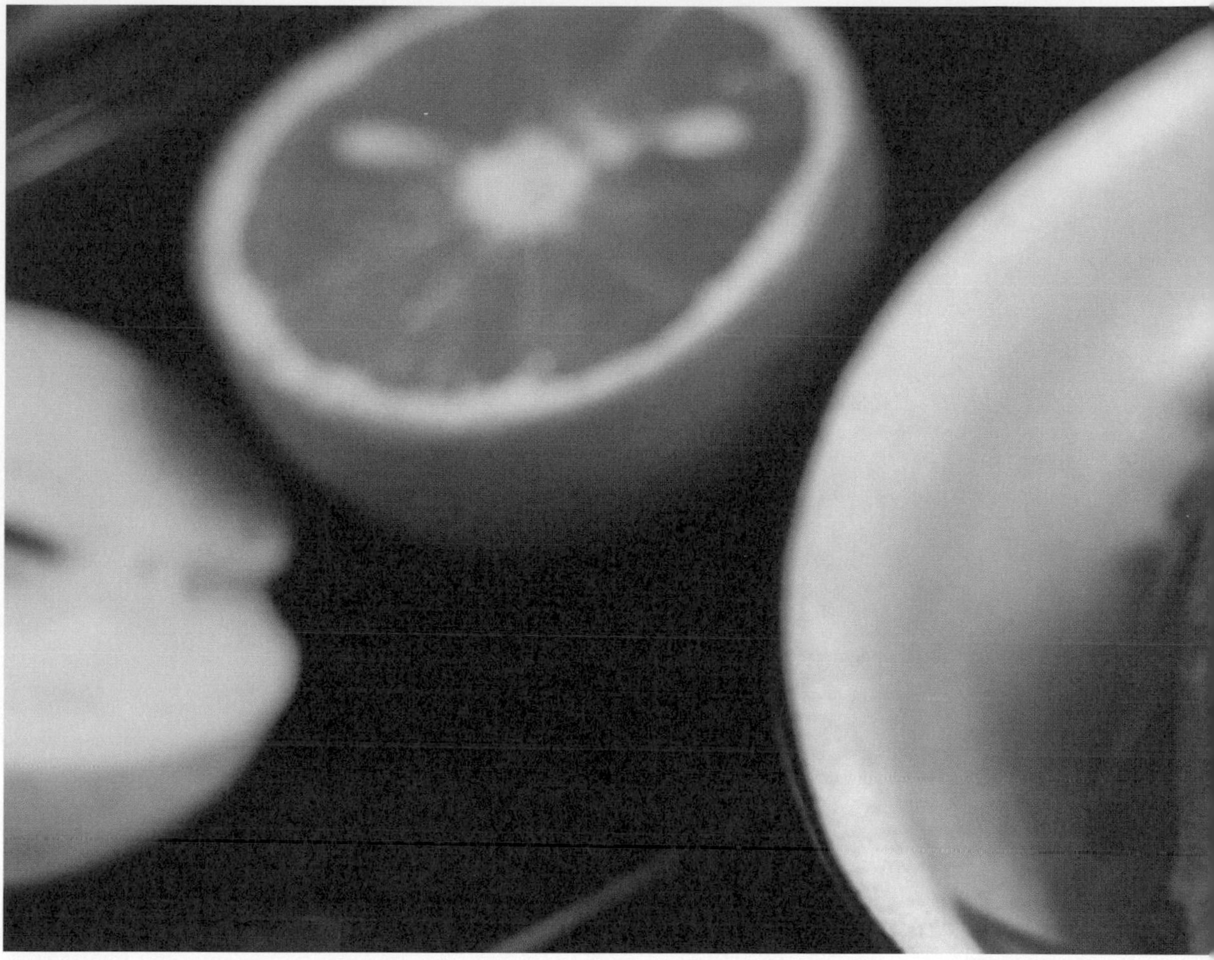

材料

胡蘿蔔：2根
柳橙或香吉士：2顆
初榨橄欖油：1大匙
檸檬汁：少許
鹽：少許

做法

1 胡蘿蔔削皮，以削皮刀刮下長條薄片狀，慢慢削，直至整根胡蘿蔔幾乎都削到不能削為止。

2 柳橙或香吉士去皮，輪切，或對切再切片。

3 將胡蘿蔔片、柳橙放入大缽中，加入橄欖油、檸檬汁稍微抓一抓即可。也可加入青蘋果絲、切碎的薄荷葉、葡萄乾一起享用。

大蒜鯷魚醬拌溫沙拉

材料

白花椰菜：1／2顆
小番茄：10顆
綠蘆筍：2－3根
大蒜：2瓣
油漬鯷魚：3－4尾
芥末醬：1／2大匙
橄欖油：40－50㎖
檸檬汁：少許

我很晚才認識溫沙拉，在此之前，我一直以為沙拉就該是冰涼的，「熱的沙拉不就是燙青菜嗎？」實在是很俗氣的想法。

義大利菜當中有一道「熱水澡沙拉」，這算是它的變化版。熱水澡沙拉也是大蒜鯷魚醬，熱熱的上桌，更講究的餐廳會在下方放一個小燭台讓它保持溫熱，以水煮蔬菜或生菜棒沾著吃，不過這樣的吃法比較像前菜。我稍微做了點變化，把調好的醬汁直接與蔬菜拌勻成一大盤，當成主菜的配菜相當適合。

做法

1 白花椰菜切成小朵，小番茄對切，綠蘆筍削硬皮後切段，大蒜壓成泥。

2 先煮鯷魚醬，在小鍋中放入蒜末、鯷魚、芥末醬、橄欖油，以小小火加熱並不停攪拌，只要加熱到所有鯷魚都融化成濃郁的醬汁即可。熄火後加入檸檬汁。

3 燒一鍋滾水燙蔬菜，水滾加鹽，建議不要所有蔬菜一起燙，因為每種菜所需的時間不同，一次燙一樣，才能都煮得剛剛好。

4 把燙好的蔬菜放進大缽中，倒入所有調好的鯷魚醬，拌勻即可。

風味的延長

還有哪些蔬菜適合這樣吃？

◆ 根莖類的地瓜、南瓜、馬鈴薯，秋冬大出的十字花科如各色花椰菜，胡蘿蔔、蘆筍、皇帝豆等等，除了葉菜比較不適合外，其他都可試試看。

—— **多說一點**

鯷魚本身很鹹，因為在油漬前都已經先以鹽漬過，所以如果菜餚中有加鯷魚的話，調味都要減量，以這道菜為例，醬汁幾乎不需要再加鹽，拌好可以試一下味道，若是真的不足，再補一點點鹽。

一盤好的菜餚，
同時要包含兩個元素，風味與口感；
一場成功的晚宴，
每道菜的風味與口感都應該略有不同，
層層交錯，保有新鮮感。

紫蘇梅醬番茄

前面提過，梅干是健康食品，許多日本人每天吃一顆。我擅長廚藝的外婆從小受日本教育，當然也受此影響很深，冰箱裡總是囤著日本梅干。

撇開健康理由不談，梅干的用處多多，可以為菜餚帶來不少變化，春夏時節胃口不好，用梅干調成酸甜醬汁做成涼拌菜，很開胃。也適合當成吃完重口味主菜後的清口。

材料

桃太郎番茄⋯1顆

日本梅干⋯2顆

紫蘇葉⋯4片

三月醬油⋯1小匙

做法

1 完熟的桃太郎番茄切大塊，梅干去核切成泥，紫蘇一半切末，一半切絲。

2 梅干泥與紫蘇末、少許三月醬油拌開製作成梅醬，務必試一下味道，因為每個牌子的梅干鹹淡差很多，如果整體太鹹，也可以加一點細砂糖或蜂蜜中和。

3 將梅醬與番茄拌開，最後撒上紫蘇絲即可。

現成品小單元

這一輪沒有現成品，連主菜都不想自己做的話，你就去外面吃就好啦，好歹煎塊牛排給你的客人吃吧。

過場

清口

味蕾疲倦了，
需要一點新的刺激，否則新的欲望從何而來？

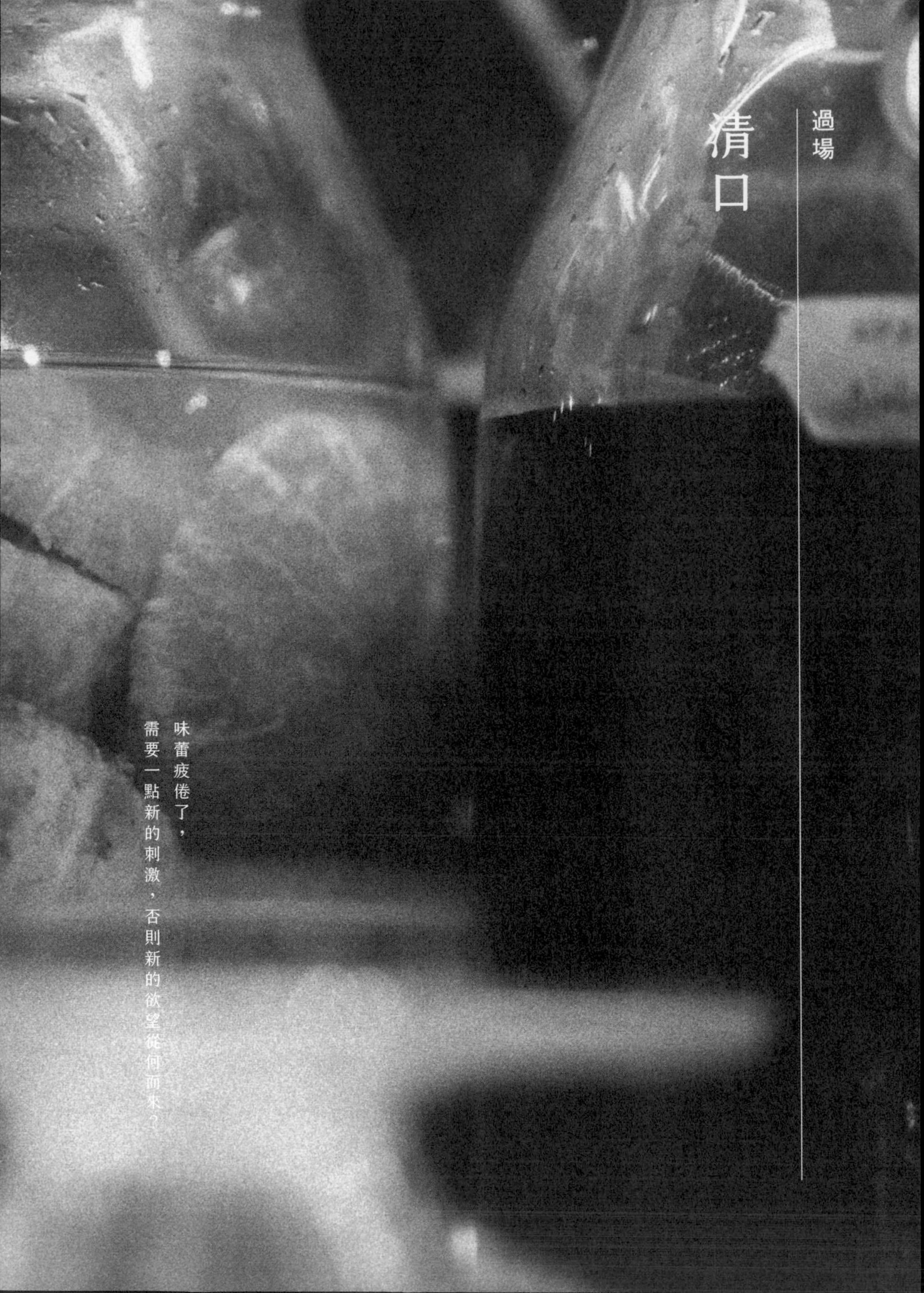

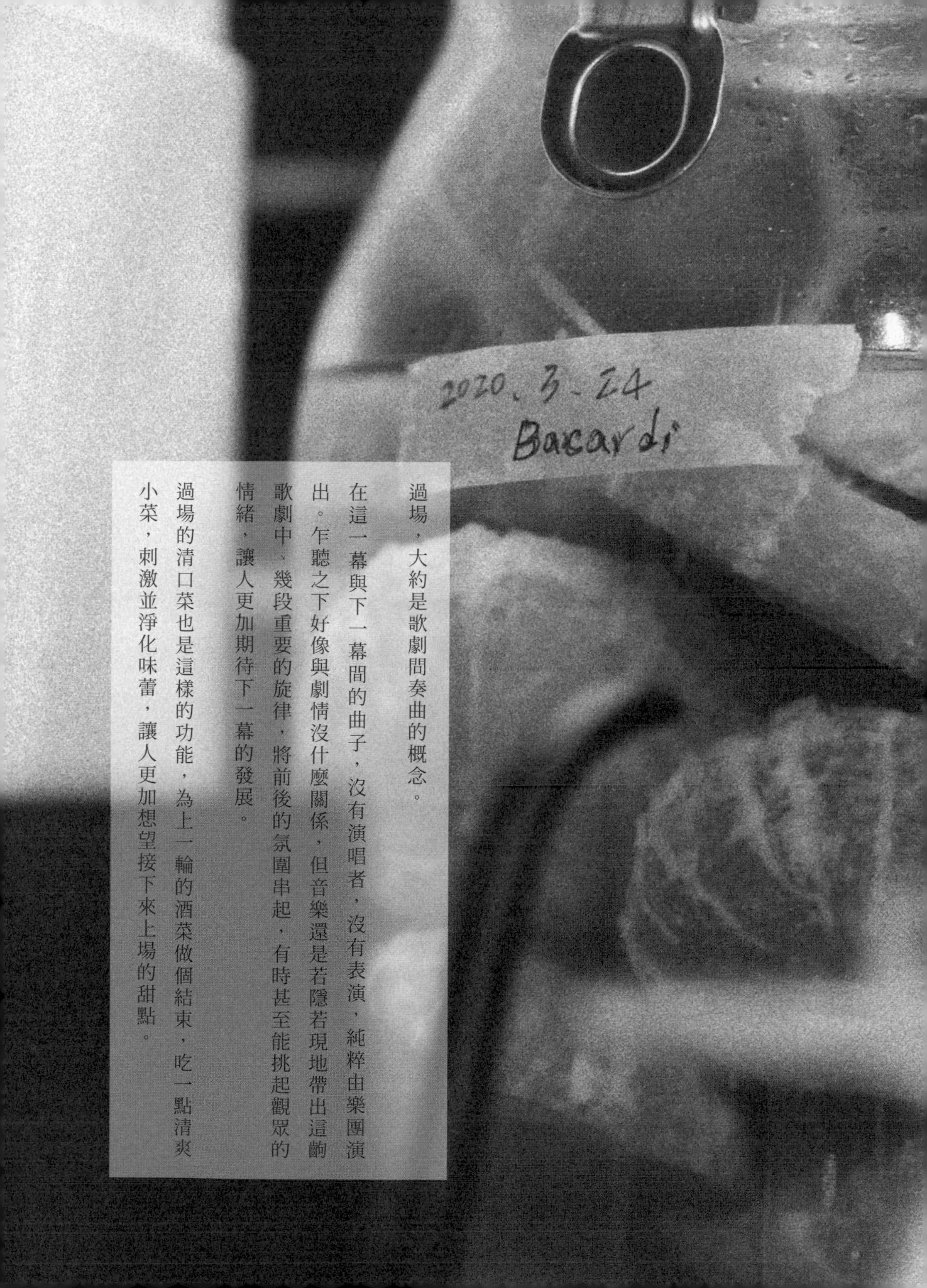

過場，大約是歌劇間奏曲的概念。

在這一幕與下一幕間的曲子，沒有演唱者，沒有表演，純粹由樂團演出。乍聽之下好像與劇情沒什麼關係，但音樂還是若隱若現地帶出這齣歌劇中、幾段重要的旋律，將前後的氛圍串起，有時甚至能挑起觀眾的情緒，讓人更加期待下一幕的發展。

過場的清口菜也是這樣的功能，為上一輪的酒菜做個結束，吃一點清爽小菜，刺激並淨化味蕾，讓人更加想望接下來上場的甜點。

酒漬水果

有時候難免買到NG的水果，比如不甜的鳳梨、沒味道的草莓或太酸澀的奇異果，這種時候就可以做成酒漬水果。酒漬不需長時間，淺漬即可，經過糖與酒精的浸潤，水果變得容易入口許多，也提高了甜度和風味。

材料

喜歡的水果…2－3種
紅砂糖…1／2大匙
蘭姆酒…1／2大匙
檸檬汁…1／4大匙

做法

將水果洗淨，切成適口大小。在大碗中放入所有水果，加入糖、蘭姆酒與檸檬汁，拌勻，在冰箱冷藏至少30分鐘再享用。

—— **哪些水果適合？**

草莓、藍莓、鳳梨、哈蜜瓜、脆桃，或甜桃、荔枝、櫻桃與口感較硬的無籽葡萄，基本上要挑口感硬一點的水果，太軟或水分太多的，一醃就更軟了，不大適合。

哈密瓜琴酒冰沙

我不算是喜歡喝調酒的人，所以也很少混酒或將酒加入其他飲料中同飲。不過，我倒是滿喜歡在水果裡加入烈酒的，特別是蘭姆酒與琴酒，總覺得與水果特別搭。哈密瓜冷凍後，加入琴酒打成冰沙，清爽極了，一小杯就能洗淨味蕾。

材料

哈密瓜：1/4顆
琴酒：1-2大匙，視自己喜好
糖：少許
冷開水：適量

做法

哈蜜瓜切塊後冷凍。用冰沙機將冷凍哈蜜瓜、冷開水及琴酒打成冰沙，試一下味道，如果不夠甜，補一點糖再打一下。

風味的延長

◆不只是哈蜜瓜，它只是一個sample，幾乎所有你喜歡的水果都能冰凍後打成冰沙。我的幾樣首選是草莓、荔枝、哈蜜瓜、水蜜桃、芒果，這幾樣怎樣都不會錯，加入琴酒也都適合。如果要給小朋友吃，就不用加酒，如果水果本身已經夠甜了，那就不要放糖。

肉桂檸檬

我從來沒想過肉桂與黃檸檬會這麼搭。

那天天氣非常熱，我整天懨懨的，什麼事都不想做，明明得寫稿，但還是一直起身在屋裡走來走去，很想吃一點涼爽的東西。不知不覺拿起中島上的黃檸檬開始切薄片，本來只想撒一點二砂在上面直接吃（這個吃法還滿常見的），回頭看見前一天用完沒收起來的肉桂粉，不如加一點進去看看吧？結果堪稱我二〇二〇年最佳創作，吃完我整個人都醒了。

我想它也很適合喚醒因為吃太多而陷入沉睡的味蕾。

材料

黃檸檬…1顆
肉桂粉…適量
二砂糖…適量

做法

檸檬切0.2公分厚輪切片。將檸檬片、肉桂粉與二砂拌勻，靜置一下讓它略微出水。可做為主菜後、甜點前的清口菜享用。

收尾

碗上的一縷白煙

她一口喝乾了最後的紅酒，
搖擺著微醺的身姿，走進廚房，為大家
煮一碗熱湯。

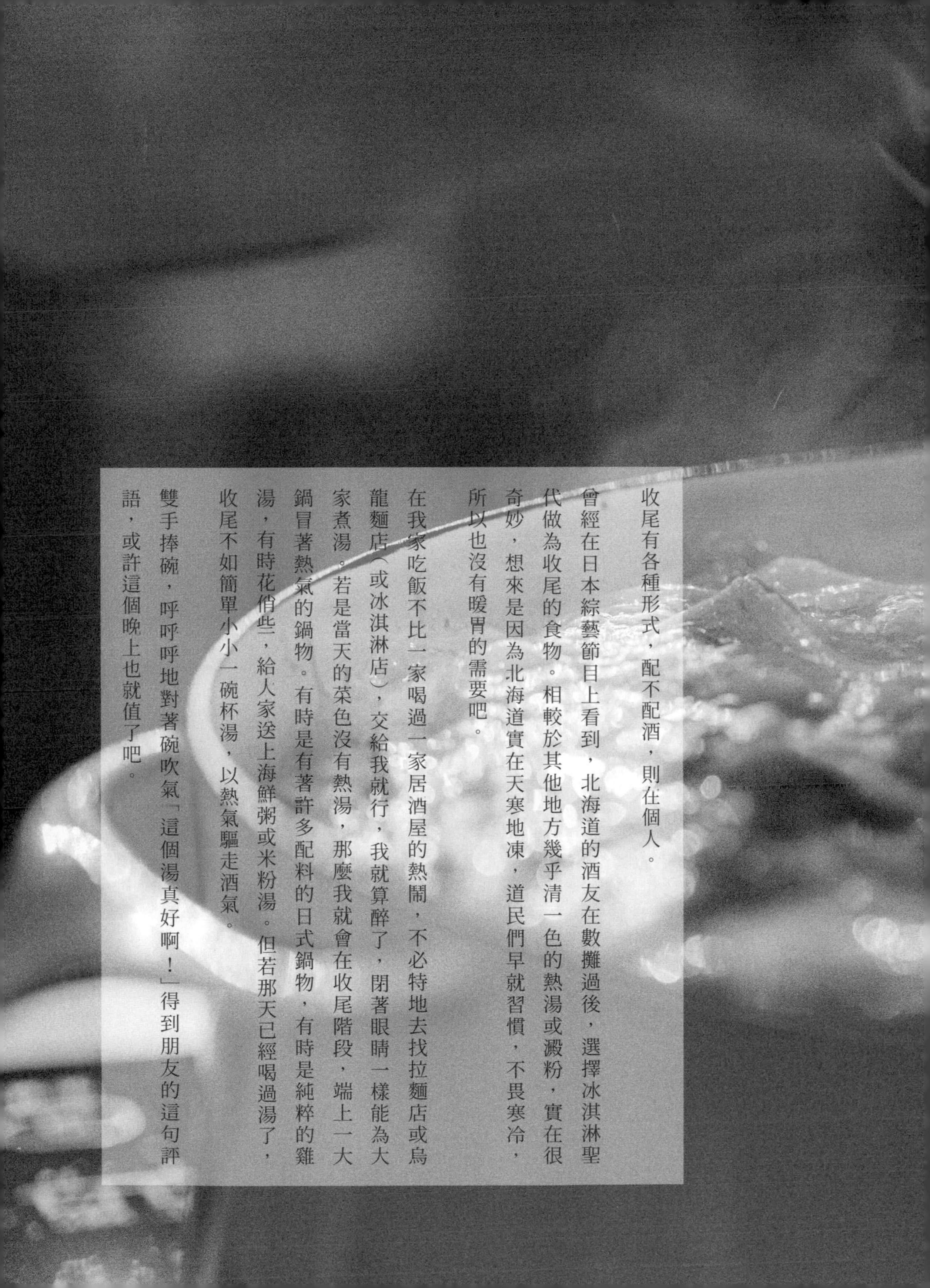

收尾有各種形式，配不配酒，則在個人。

曾經在日本綜藝節目上看到，北海道的酒友在數攤過後，選擇冰淇淋聖代做為收尾的食物。相較於其他地方幾乎清一色的熱湯或澱粉，實在很奇妙，想來是因為北海道實在天寒地凍，道民們早就習慣，不畏寒冷，所以也沒有暖胃的需要吧。

在我家吃飯不比一家喝過一家居酒屋的熱鬧，不必特地去找拉麵店或烏龍麵店（或冰淇淋店），交給我就行，我就算醉了，閉著眼睛一樣能為大家煮湯。若是當天的菜色沒有熱湯，那麼我就會在收尾階段，端上一大鍋冒著熱氣的鍋物。有時是有著許多配料的日式鍋物，有時是純粹的雞湯，有時花俏些，給人家送上海鮮粥或米粉湯。但若那天已經喝過湯了，收尾不如簡單小小一碗杯湯，以熱氣驅走酒氣。

雙手捧碗，呼呼呼地對著碗吹氣「這個湯真好啊！」得到朋友的這句評語，或許這個晚上也就值了吧。

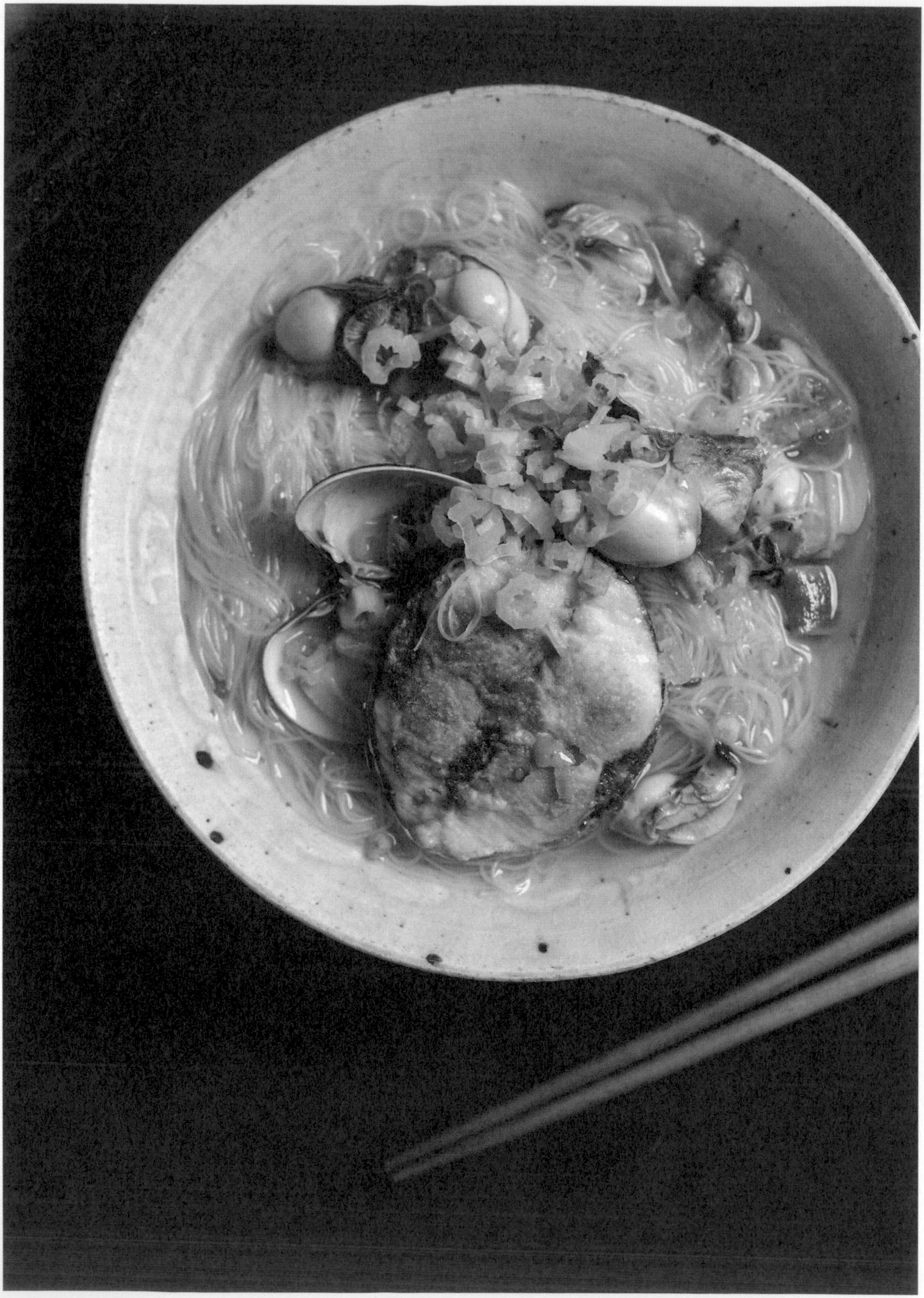

海鮮米粉湯

我是長大後，才第一次吃到粗米粉湯。小時候家裡外食不常吃小攤或麵店，所以米粉湯都是自家煮的細米粉。印象中，比媽與外婆的做法差不多，先炒香菇、肉絲、油蔥，再倒入清水或排骨高湯（家裡也幾乎不用雞高湯），偶爾會加入竹筍。但煮成海鮮米粉湯的奢華版本，倒是沒有的。

細米粉很吸湯，一端上桌就得馬上吃，有幾次我沒即時跟上，不過十分鐘，整碗就糊了，而我當年吃飯慢，常常吃到沒湯了。長大後，開始吃起麵店黑白切，完全沒有配料的米粉湯、煮過眾多內臟而呈乳白的湯底，腥氣全無，沒想到這麼好吃。後來我就到處追尋粗米粉的蹤影。

粗米粉不容易買，料煮也費時，但在傳統市場可買到耐煮且介於粗細之間的新鮮米粉。而配料可以多樣或簡單，如海鮮米粉湯，奢華，請客大器，滿是海味的土鍋一上桌，光看就療癒。

材料

米粉（粗細皆可）…3－4人分
蚵仔…200g
金鉤蝦米…12－15尾
蛤蜊…200g
土魠魚…1片
香菇…5－6朵（新鮮或乾的皆可）
雞高湯、排骨高湯或日式高湯…1000ml
鹽…適量
白胡椒…適量
芹菜珠…1小把分

做法

1 蛤蜊吐沙，蚵仔流水洗淨；蝦米泡開，把水擠乾；米粉若是乾的，也事先泡軟剪成小段；土魠魚切塊；香菇若是乾的也先泡軟再切，若是新鮮的可直接切絲。

2 土魠魚兩面撒鹽，先煎過或炸過，把表面煎出金黃，盛起備用。

3 在深鍋中炒香蝦米與香菇，炒出香氣後倒入高湯，轉大火煮滾，再依序放入米粉、蛤蜊、蚵仔、土魠魚。再次煮滾時，確認蛤蜊都開口後，先試一下味道再調味，因為蛤蜊帶鹹，以鹽與白胡椒調味，最後抓1小把芹菜珠點綴即可。

—— 多說一點

關於米粉下鍋的時間點，需要再多說明一下。

米粉有乾的也有生的，有粗有細，一般來說，細米粉下鍋大概只需要30秒到1分鐘就可以了，再煮下去會把你整鍋湯都吸乾乾，所以如果是細米粉，就所有配料都煮好、調好味，最後再放。

如果是粗米粉，不論生的乾的，大致上都耐煮，最粗的大頭米粉（一般我們喝什麼料都沒有的米粉湯的那種米粉）需要煮很久，那就最早放，慢慢煮，煮到差不多了再放配料。若是介於大頭米粉和細米粉中間的生的粗米粉，大約可以煮20到30分鐘，也不大會吸汁。

米粉的下鍋時間點真的要看你買到哪種米粉而定，有的外包裝上會寫建議烹煮時間，若是在傳統市場與攤家購買，買的時候記得問一下這米粉要煮多久，這樣最保險。

韓式辣牡蠣豆腐鍋

說是韓式，或許熟悉正統韓菜的人會說我這道菜不倫不類，但沒關係，好吃最重要。

平常煮燉煮料理時，一般都會先炒過香料蔬菜，或是能增添風味的材料如蝦米、番茄乾、油蔥、培根之類，但先炒過醬料的比例似乎不高。以往做這類鍋物時，也都是加了高湯後再放入各種醬料，某一回不知是哪裡來的靈光，決定在炒過蔥薑蒜末後，把醬料也加進去一起炒，結果實在很夭壽，醬料炒過的香氣與直接入湯中的香氣，完全是不同檔次，把這道菜提升到另一個層次了。

材料

鍋物

蛤蜊：200g
牡蠣：6顆
大白菜：數片
新鮮香菇：2朵
韓式豆腐（一般豆腐也可）：1條

醬料

韓式辣醬：1大匙
無添加味噌：2大匙
明德辣豆瓣醬：1小匙
李錦記蠔油：1小匙
三月醬油：1大匙
日式高湯：600㎖
雞高湯：600㎖
細蔥末：3根分
細蒜末：2瓣分
細薑泥：1小匙

做法

1 所有醬料事先拌勻；大白菜剝成小塊；香菇切厚片。

2 準備一只土鍋或陶鍋，以中小火熱鍋，加入一些油，放入蔥薑蒜末炒出香氣，再倒入所有醬料以中小火慢慢炒，炒出香氣，也把醬料炒乾一些，但要小心不要炒焦了。

3 香氣出來後倒入兩種高湯，煮滾後加入其他配料大白菜、香菇，再次煮滾後轉小火，續煮10到15分，把白菜煮軟。

4 依序放入豆腐、牡蠣與蛤蜊，再次滾後轉小火加蓋再煮5分鐘左右，煮到蛤蜊開口、牡蠣熟透即可。

5 上桌前撒上蔥花。

風味的延長

◆這道鍋物的主體是辣醬與豆腐，若是不想放海鮮，改為肉片當然沒問題，不想放肉也可行，以甜美的蔬菜結尾。大白菜、高麗菜、大蔥、蘿蔔、菇類，最後打一個蛋即熄火加蓋，上桌再把蛋攪散拌進湯與豆腐中，一樣誘人。

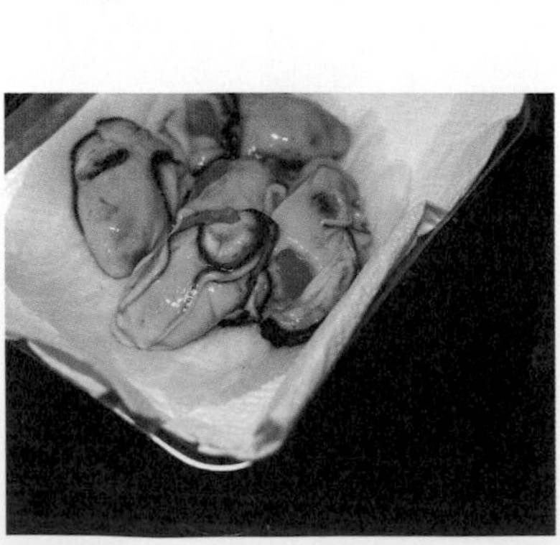

清湯素麵

材料

乾燥日本素麵或冷凍烏龍麵：1人分
日式高湯：500㎖
高湯醬油：1小匙
鹽：適量
七味粉：適量
蔥花：1小把

在日本居酒屋裡，通常都會有幾道收尾的菜，最常見的可能是茶泡飯、烤飯團、炒麵、湯麵等，原則上以澱粉為多。在居酒屋中，酒是主體，並不會點非常多下酒菜一口氣吃到飽，所以酒後需要一點墊肚子的食物，把胃的空間補上。

在家喝酒或請客嘛，吃得過飽的可能性還是比較高，所以湯麵簡單即可，作用比較像暖胃，而非吃到飽。

做法

1 燒一鍋滾水，按照包裝上建議的時間將麵煮熟。

2 另一鍋加熱高湯，放入煮好的麵條，以高湯醬油與鹽調味後就可以裝碗了，抓一把蔥花，撒一點七味粉添香。

風味的延長

◆通通常宴席吃到這個階段，應該是吃不下太多了，而湯汁口味應該要略重一些，對酒後的味蕾才是剛剛好。清湯素麵，不用配料，一人小小一碗，熱湯裡幾條麵條，酒後暖胃，我覺得很適合。如果一定要加配料，可以煮1顆蛋包，或加1撮海帶芽、1片豆皮，這樣就好。另外也推薦檸檬汁，切1小片檸檬角與清湯麵一同送上，吃之前擠一點進去，很舒爽的。

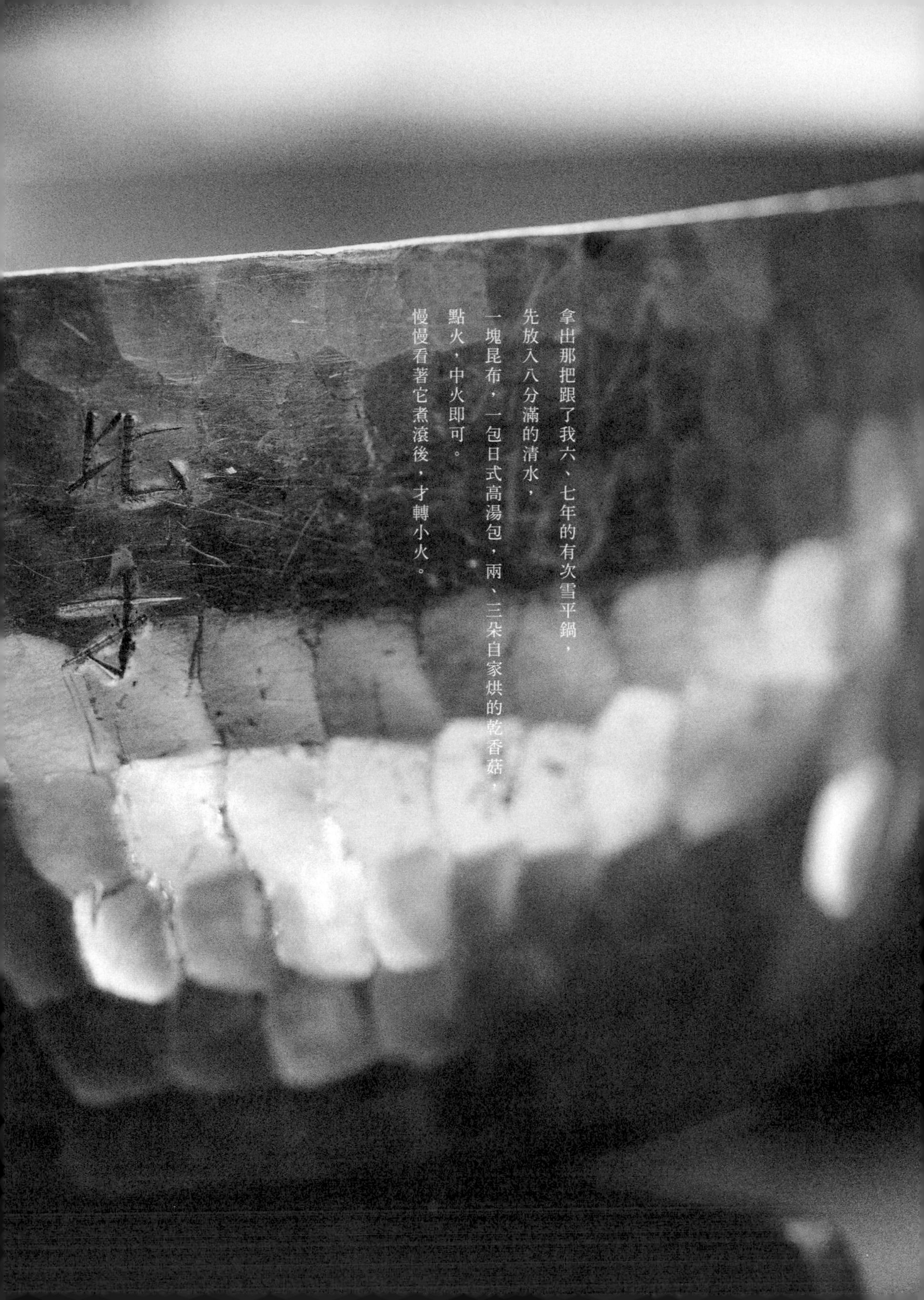

拿出那把跟了我六、七年的有次雪平鍋，
先放入八分滿的清水，
一塊昆布，一包日式高湯包，兩、三朵自家烘的乾香菇，
點火，中火即可。
慢慢看著它煮滾後，才轉小火。

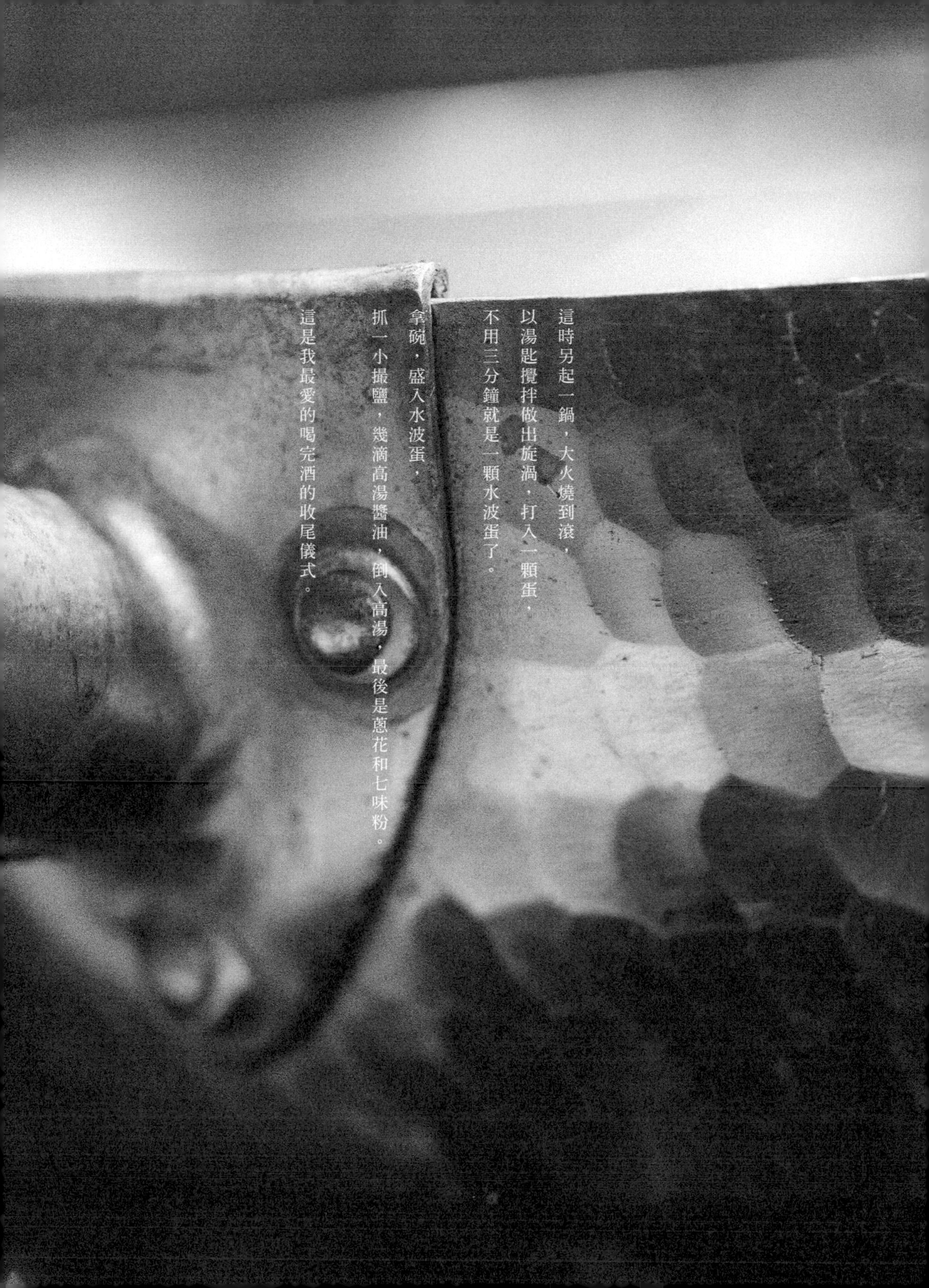

這時另起一鍋，大火燒到滾，
以湯匙攪拌做出旋渦，打入一顆蛋，
不用三分鐘就是一顆水波蛋了。

拿碗，盛入水波蛋，
抓一小撮鹽，幾滴高湯醬油，倒入高湯，最後是蔥花和七味粉。
這是我最愛的喝完酒的收尾儀式。

海帶芽蛋花湯

這是我家的救急湯。

家裡另一人極愛喝湯，又因為不怎麼吃澱粉，有時深夜會肚子餓，如果問他想吃什麼，百分之九十以上得到的答案會是，「我想喝個湯」，但有時候要是晚餐沒有剩湯，是要我去哪裡生呢？

後來我就知道了，隨時備著泡開即食的海帶芽乾，放一小把進碗裡，沖入日式高湯再補少許調味就可以了。做為酒後的收尾湯，倒也合適。

材料

蛋：1顆
日式高湯：1碗分
乾燥海帶芽：1小撮
蔥花：1根分
鹽：少許

做法

在碗中放入海帶芽和一點點鹽，燒滾高湯後，打一顆散蛋，沖入碗中，等待1分鐘讓海帶芽泡開，撒些蔥花即可。

現成品小單元

不要嫌棄泡麵

若是問日本人喝完酒（而且是連喝好幾攤）後，收尾會想吃什麼的話，我想「拉麵」一定是前幾名的答案之一。喝完酒來一碗熱騰騰又鹹滋滋的拉麵，挺享受的啊，現成品小單元就向各位介紹，來煮碗日本泡麵吧。

千萬不要小看泡麵，煮泡麵也是有很多技巧的。在這裡我借花獻佛，把曾經在在日本綜藝節目上學到的煮泡麵技巧分享給各位。

首先是麵與湯要分開煮，麵條煮好直接放入碗中，再倒入湯與配料，這樣麵才不會影響湯的風味。第二，一般來說，泡麵的麵條都偏軟，不可能與專門店一樣的Q彈有口感。但若是在煮麵時，在鍋裡加一小匙可食用的小蘇打粉，就能讓麵條與生麵一樣，吃起來有口感。最後則是將麵條攪散的時機點，泡麵通常是乾燥的片狀，煮的時候會用筷子把它攪開，節目裡的泡麵達人提醒大家，不要太早攪，否則麵會太早吃到水，很容易軟爛。若麵條需要煮三分鐘，就要在兩分鐘後再攪開。

Spirits

一口甜

在眾人沒有意識到的時候，
音樂已悄悄換成如奶油焦糖般渾厚的爵士女聲，
她望著杯底的殘光，一切了然於心。

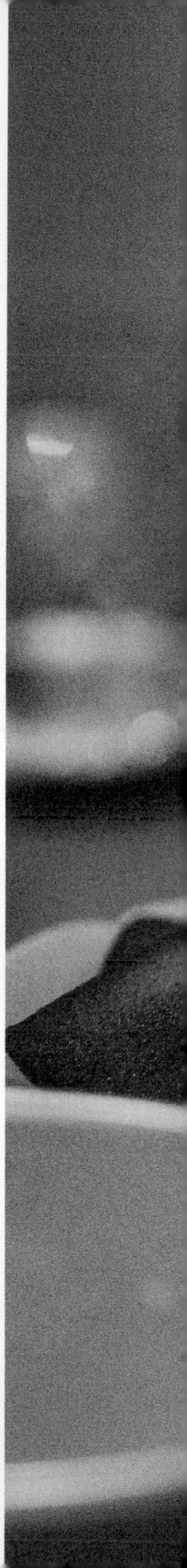

突然間，所有人都動了起來，連躺沙發的朋友都爬了起來，有人幫忙收桌子，有人忙著把碗盤放進洗碗機，有人清空酒瓶，有人去音響前換了音樂。

大家都在等待這一刻。

我預熱著小烤箱，小心翼翼地從鐵盒裡拿出前一晚烤好的瑪德蓮、費南雪與磅蛋糕，在鋁箔紙上先鋪一層烘焙紙，這才放上我的法式小點心，送進烤箱。用不了多久，七、八分鐘後加熱完畢，裝在素淨的小白瓷碟子上，然後從酒櫃裡拎來一瓶陳年蘭姆酒，放在餐桌正中央。

這些法式小點心，加熱後外皮鬆鬆的，奶油香氣驚人得濃，輕輕剝開後會看得到深咖啡色點點，那是榛果奶油，美味的印記。

還能喝的人，我為他們斟上烈酒，不能喝的，就沖一壺熱茶。有人推辭著說太飽了，我吃半顆就好。好啊那給你半顆。三分鐘後那人又說，不好意思，另外那半顆還可以給我嗎？

當然可以，你們盡量吃，要再倒點酒嗎？

普魯斯特的瑪德蓮

材料

▼可做標準尺寸瑪德蓮金屬模具大約13－14個

蛋：2顆
低筋麵粉：90g
細磨杏仁粉：25g
上白糖：90g
無鹽奶油：120g
泡打粉：3g

吃瑪德蓮要配茶。

若是談到文學中的食物，應該很難跳過普魯斯特和他的瑪德蓮。瑪德蓮做為喚醒書中主角回憶的引子，在《追憶似水年華》中是個重要的意象。

或許大部分人都沒有讀過（或讀完，比如我）《追憶似水年華》，但是我想大部分人都知道普魯斯特在書裡寫過瑪德蓮——這個包裹在討喜貝殼外表下的小蛋糕，咬下滿是甜奶油香，其實是法國尋常的甜點。

我很常做，一次出爐八個，放在漂亮的餅乾鐵盒裡慢慢吃，我自己其實是不以它配茶的，我更偏愛配咖啡，或是一杯香醇的白蘭地。

做法

1 先煮奶油，並準備一小盆降溫用的冰水。拿一只小鍋，放入奶油以小火煮到融化，不時搖晃一下鍋子，融化後繼續煮，煮到顏色轉金咖啡色，鍋子底部有黑黑的小點為止。快速將鍋子放進冰水盆中，讓奶油冷卻，不然它會繼續焦化。

2 將糖與蛋攪拌均勻即可，不用打入太多空氣。

3 在步驟2之中，加入過篩後的麵粉、杏仁粉與泡打粉，以橡皮刮刀輕輕攪拌，拌勻後再分次加入奶油，一樣拌勻。

4 如果時間許可，把麵糊放進冰箱冷藏至少1小時，可以冰一整晚更好。

5 拿出瑪德蓮模，每個模填入大約八分滿的麵糊，送進200度的烤箱烤大約15－20分鐘，或以竹籤戳一下，不會沾黏即可。

—— 成功的瑪德蓮

好的瑪德蓮有兩個關鍵，一個是奶油要煮到微焦，香氣會比一般融化奶油濃郁誘人，會稱為榛果奶油不是因為它有加榛果，而是因為煮到焦化後的色澤，呈現深咖啡色，很像榛果的緣故。另一個則是模型，務必要用金屬模型，否則烤不出漂亮的顏色，也不會有微微脆脆的外皮。

—— 烤溫

每個烤箱的烤溫不同，在烤箱內部各處的溫度也不大一致，所以烘焙時，時間許可的話，要不時注意烤箱內狀況。有時某一側會特別膨脹，某一側會膨得比較慢，需要人工移動烤模的方向及交換位置，確保大家都平均上色。

—— 口味變化

瑪德蓮有多種口味，除了奶油原味外，還可以變化為巧克力、抹茶、焙茶或檸檬等等，配方大致上相同，只需要微調，加入可可粉、抹茶粉或檸檬皮等，如果你做上手了，就可以試著轉換口味。

—— 保存與回烤

剛出爐的瑪德蓮最美味，但如果一時吃不完，建議用密封盒裝起來，皮才不會很快受潮，可常溫保存2-3天。下次要吃之前，先預熱烤麵包的小烤箱，將瑪德蓮以錫箔紙包起送進烤箱烤5、6分鐘，可以讓外皮再次回到香脆，比直接吃更美味。

巧克力布朗尼

布朗尼是美國人的甜點（這句話絕對沒有貶抑的意思），我對它的印象就是很甜，非常甜，夭壽甜，所以遲遲沒有動手做。

我有一位熱愛巧克力的朋友，任何甜點只要有巧克力都愛，照片裡只要有巧克力就給愛心。有一天她傳了一份布朗尼的食譜給我，那陣子我剛好卯起來認真練習甜點，我想她的意思不言而喻了。後來我參考了很多份配方，再調整成自己的，很簡單，絕對不會失敗，我每次做都大獲好評。

材料

▼可做17×17×5的方型烤模一個

- 無鹽奶油：140g
- 蛋：2顆
- 無糖可可粉：30g
- 甜點用巧克力：100g
- 低筋麵粉：50g
- 上白糖或鸚鵡糖：120g
- 核桃：1小把
- 白蘭地：20mℓ

做法

1 烤箱預熱到170度。

2 拿一只小鍋，隔水加熱無鹽奶油與甜點用巧克力，拌勻。

3 將蛋打散，加入糖拌勻，並打到微發，再分批倒入融化的巧克力與奶油醬，拌勻，最後再加入過篩的麵粉與可可粉，攪拌到沒有顆粒、滑順為止。

4 加入切碎的核桃、白蘭地，拌勻後倒入烤盤中，以170度烤20分鐘，再轉到200度以上火續烤2-3分鐘，或烤到表皮酥脆亦可。

關於甜點，我只有一個重點——
盡量用你可以買到的、最好的材料。

一分錢一分貨，
在甜點上這句話真實無比。

[illegible] 500g

[illegible] 40g

[illegible] 30ml

Cajun

paprika

amon

pper.

half

ml.

ml.

ch

Flour

sugar

dry fruit

170°C

咖啡布丁

材料 ▼大約可做100mℓ的模型6個

蛋液

蛋：3顆
牛奶：300mℓ
糖：45g
即溶咖啡：4-5g
熱開水：40mℓ
無鹽奶油：少許（抹模型用）

焦糖

細砂糖：50g
熱開水：1大匙

這是昭和布丁的大人版。

布丁難免給人小朋友食物的印象，小時候吃家庭餐廳的兒童餐裡，都一定有布丁，上面放一顆鮮紅色的櫻桃，用小小的扁平湯匙舀起一口，大概就是舀起幸福。加了咖啡的布丁就不一樣了，顏色轉深，苦味增加，吃了搞不好還會睡不著，看起來就不該是小朋友心頭好，是保留給大人的布丁。

做法

1 先煮焦糖。用小鍋裝砂糖，轉中小火，不用放水，糖會自己慢慢融化。全程顧著，轉焦上色在一瞬間，小心不要焦過頭。呈現漂亮的深褐色時，熄火，倒入熱開水。糖會起泡、噴濺，小心別燙到。

2 在模型上抹薄薄一層奶油，把煮好的焦糖平均倒入模中，確保底部都有鋪到。放進冷凍庫15-20分鐘。

3 準備蛋液。蛋打散加入砂糖和牛奶拌勻，加入以熱水泡開的即溶咖啡，過篩（非常重要，不可省略）。取出冷凍庫裡的模型，倒入蛋液，以牙籤或廚房紙巾去掉表面的泡泡。

4 烤箱預熱至150度，在烤盤中倒熱水，放入布丁模，以半蒸烤約20-25分鐘，用牙籤或探針確認，如果沒有任何沾黏就可以了。烤的時間與模型大小、深度呈正相關。

草莓巧克力

草莓是最少女心的水果，任何甜點上只要有草莓，出場時幾乎都能得到大家的歡迎，誰不喜歡蛋糕上的草莓呢？

草莓巧克力是一道簡單到有點偷懶的甜點，只要把草莓裹上融化的巧克力即可，甚至能在晚餐後才開始融化巧克力，一起端上桌讓朋友們自己動手裹醬。酸酸甜甜的滋味，可愛迷人的外型，一定能擄獲大家的心。

材料

草莓：6-8顆

甜點用巧克力：100g

糖粉：少許（可省略）

做法

1 隔水融化甜點用巧克力（用牛奶巧克力或黑巧克力皆可）。略攪拌，全部融化即可取出一旁（或整鍋泡入冷水中加速降溫）。如有甜點用溫度計，至少要降到35度以內；若沒有，就降到與自己體溫差不多的感覺。

2 洗草莓，將綠色的葉子及蒂頭切掉，仔細擦到全乾，若草莓上有水分，巧克力比較不好沾附。

3 巧克力降溫後，以草莓沾裹，放置室溫讓巧克力凝結，也可以送進冰箱冷藏15分鐘；或者，等不及凝結就直接吃也行。

—— **多說一點**

融化巧克力不能心急，絕對不能直火加熱，一來容易燒焦，二來會破壞巧克力的風味，一定要隔水加熱。黑巧克力的融化溫度大約50－55度，牛奶巧克力大約45-50度，白巧克力大約45度，因此隔水加熱的水，也不需要煮滾，只要有50－60度就足以融化巧克力了。

食譜中巧克力的分量為100g，這是最低可做的分量，若是再少會很難操作，但巧克力醬裹完草莓後應該會太多，沒用完的可再次使用。先準備一張烘焙紙，將巧克力醬倒上去，盡量鋪平，待它完整凝結變硬後，即可剝成片狀冷藏保存，下次要用時再次融開即可。

芒果果凍

曾在日本三星主廚神田裕行的《神田魂》中讀到，正統的日本料理，其實是不大提供真正的甜點的——以麵粉、奶油與大量砂糖製成的那種。

為什麼呢？因為日本料理中其實運用了不少糖，調味料味醂也是甜的，日本酒由於是以米釀造而成的，其實也是糖，所以吃完整頓餐點後，身體已經吸收不少糖分了，到了餐後身體自然不渴望糖。神田主廚表示，所以他會在餐後送上新鮮水果或是以水果做的簡單果凍、冰沙這類比較清爽的甜品。

這本書中一半以上是日式菜餚，那一定要有一道水果做的果凍了。

材料

▼可做75㎖的小杯4或5個（視水果的量以及裝多滿而定）

芒果…1顆
吉利丁片…4g
水…200㎖
細砂糖…20g
檸檬汁…少許

做法

1 先切芒果丁。芒果不去皮，從最厚的兩側直切，下刀時盡量貼近果核。在果肉上以刀尖劃格子狀，從皮那面往前推出，削下呈現開花狀的果肉。

2 吉利丁剪小片，泡冷水，不到1分鐘就會變軟化開，所以要算準時間。

3 取一小鍋煮水，加入砂糖，糖融化水滾後加入泡軟的吉利丁，攪拌均勻即熄火，擠入檸檬汁，放涼。

4 在模型或小杯子中放入切好的芒果、略放涼的糖水，冷藏至少6小時定型再享用。

—— **多說一點**

基本上用什麼芒果都可以，只有土芒果因為纖維太多不適合。同樣的做法也可以換成其他水果，只要當季新鮮就好，也能綜合幾種不同水果切丁，看上去也美。

吉利丁的分量與水的分量相關，這個配方大約為每100㎖的水配上2g的吉利丁。若是想要口感硬一點，就再多一些吉利丁；若是要軟一點，就少一些，但太軟不好切，如果是以小杯子裝，用湯匙挖著吃就比較沒關係。

烤麻糬

很冷很冷的時候，我家會點煤油暖爐，偶爾我們會拿一只小平底鍋，在上面慢慢烘烤著麻糬。

看著麻糬從一個又乾又硬的白色固體，慢慢軟化，表面一點一點地裂開，然後從裡頭突然蹦出柔軟突起的麻糬，實在可愛極了。這大約就是我的冬日樂趣吧，用暖爐烤麻糬。

冬天宴客的時候，我會刻意減少主菜的分量，告訴大家先別吃太飽，「等一下要烤麻糬來吃哦！」大家圍在爐火邊，守著那幾顆蓬鬆的白胖麻糬，實在幸福，或許這就是最好的甜點吧。

材料

日本麻糬：數枚

吃甜甜

市售紅豆泥罐頭：適量

黃豆粉：適量

吃鹹甜

醬油：20㎖

味醂：10㎖

砂糖：1大匙

海苔：數張

做法

1 煮鹹甜醬汁。將醬油、味醂、砂糖放入小鍋中，以小火煮滾，轉小火再稍微收汁即可熄火備用。

2 以小烤箱或是在爐上用烤網烤麻糬，直接烤即可，不需抹油。火不能大，火太大表面很容易焦，但是裡頭還沒軟，所以要以小火有耐心地慢慢烤，烤到表面酥酥、整個膨起來就差不多了。

3 如果要吃鹹甜，就在麻糬表面刷上醬汁，以海苔包起來吃；如果要吃甜甜，就配上紅豆泥與黃豆粉即可。

若在三年前問我，甜點之於我的人生有什麼意義，
我想答案是否定的，
過去的我對甜點並沒有熱情。
我會吃，但吃得少，
餐後也吃，但只是為了換口味或收尾，
很多時候我寧可要一杯黑咖啡或烈酒。

但這幾年我的口味慢慢轉變，
身體開始渴望少許甜食。
除了少數幾家品質與口味真的非常好的專門店外，

我不願意將就外面的甜食，
不論是零食或糕點店的甜點都是，
要吃就一定要吃無添加、百分之百優質成分，
而且製作精美細膩的甜點。

那麼，不將就的結果就是只能自己做。

就此開啓我這兩年來的甜點研究之路，
有機會的話，我可能會為甜點寫下一本書，
你們願意讀嗎？

最後一杯

午夜後，我們只有彼此

子夜時分，廚房靜了，
屋裡只剩零零散散幾只酒杯、
一些餘下的酒菜、因深夜而壓低的話語與彼此眼底的光，
只有熟朋友能共享。

夜深了，有的朋友已先離去，留下來的，眼神也近渙散了。

通常這個時候，晚餐的杯盤餐具大多已進了洗碗機，剩下的食物要不是打包分給朋友帶走，要不就是裝進小密封盒裡送進冰箱，餐桌恢復原本的潔淨。轉頭看一眼躺在沙發上的朋友，另一邊可能還有坐在地上的，各自非常自得地滑手機、翻雜誌、轉電視、打手遊——這是只有熟朋友才能有的自在，對這個空間再熟稔不過的自在。

而喝酒的，就只剩我了。為自己再倒一杯威士忌，取一豆皿，擱上兩小塊巧克力，坐在桌邊慢慢喝著。

有時，朋友會從沙發起身，移過來我身邊，隨意聊著閒話；偶爾，另一朋友會蹭過來，說，不然你也幫我倒一小杯吧。

與你喝一杯。這整個晚上的鋪陳，不就為了與你喝一杯。

蜜金桔

蜜金桔是冬天的珍寶，這兩年我一到產季就會煮，一次煮兩大罐放在冰箱。可以單吃配酒、加在茶裡、配乳酪與生火腿，更可以拿來做磅蛋糕。

但之所以會開始做這款小點心，是因為吃到朋友母親自己蜜的金桔。金桔皮煮到呈現半透明狀，糖漿緊緊附著在上，看起來不起眼，卻美味極了。回家也試著做，以往我做的比較像糖漿漬金桔，糖水略稀，後來知道糖水要濃一些，煮到收汁，每一顆金桔都晶晶亮亮的才好。一做就上癮，欲罷不能。

材料

金桔或金棗：300g

細砂糖：150g

做法

1 金桔洗淨，去蒂頭，對切。

2 在鍋中放入金桔與所有糖，不用加水，直接以中小火煮。糖會自己慢慢融化，而金桔遇熱會出汁，就讓它在糖汁中熬煮即可。

3 糖幾乎都化開後轉小小火慢煮，大約需煮15-20分鐘，糖漿收汁轉稠即可。放涼後裝入密封罐中冷藏，大約可保存1個月。

有的時候，找朋友來家裡吃飯，
重點並不在於食物——當然食物是一定美味的——
但更多時候，我貪圖更是深夜時分，
在微醺中對彼此訴說的話語，
不經意露出的情感，是多麼真誠又真實。

巧克力沙拉米

第一次看到這玩意的時候，我以為我看錯了，為什麼會在甜點時間上沙拉米給我？再多看一眼才意識到，噢，這是巧克力做的，而裡頭白白的油脂狀的，則是餅乾或堅果，創作出這道甜點的人真的滿有想像力的。

這款甜點來自義大利北部，最原始的做法是加入經過二次烘烤、烤得很硬的脆餅。但要自家製那款餅乾有點麻煩，我只做過一次，後來我都直接買現成的餅乾來加，原則上硬一點的餅乾比較適合，但大家可以選自己喜歡的餅乾來做噢。

材料

蘭姆酒或白蘭地：30㎖
黑巧克力：150g　細砂糖：50g
喜歡的餅乾：80g　蛋黃：1個
喜歡的堅果：40g　無鹽奶油：50g

做法

1 奶油與蛋黃放至室溫；巧克力隔水加熱融化，略放降溫；餅乾與堅果大略壓碎，保留些許口感。在大缽中以攪拌器打奶油與細砂糖，打入空氣呈蓬鬆感後，加入蛋黃繼續打，拌勻後再倒入融化的巧克力，與酒、餅乾與堅果拌勻。

2 用保鮮膜捲成長條狀，兩端像糖果紙般捲緊，冷藏至少3小時。吃前可撒上糖粉裝飾。

3 因為有生蛋黃且台灣天熱，一定要冷藏，不然容易軟化。冷藏可保存7天左右，盡快吃完為佳。

2021.3.27
Vodka.

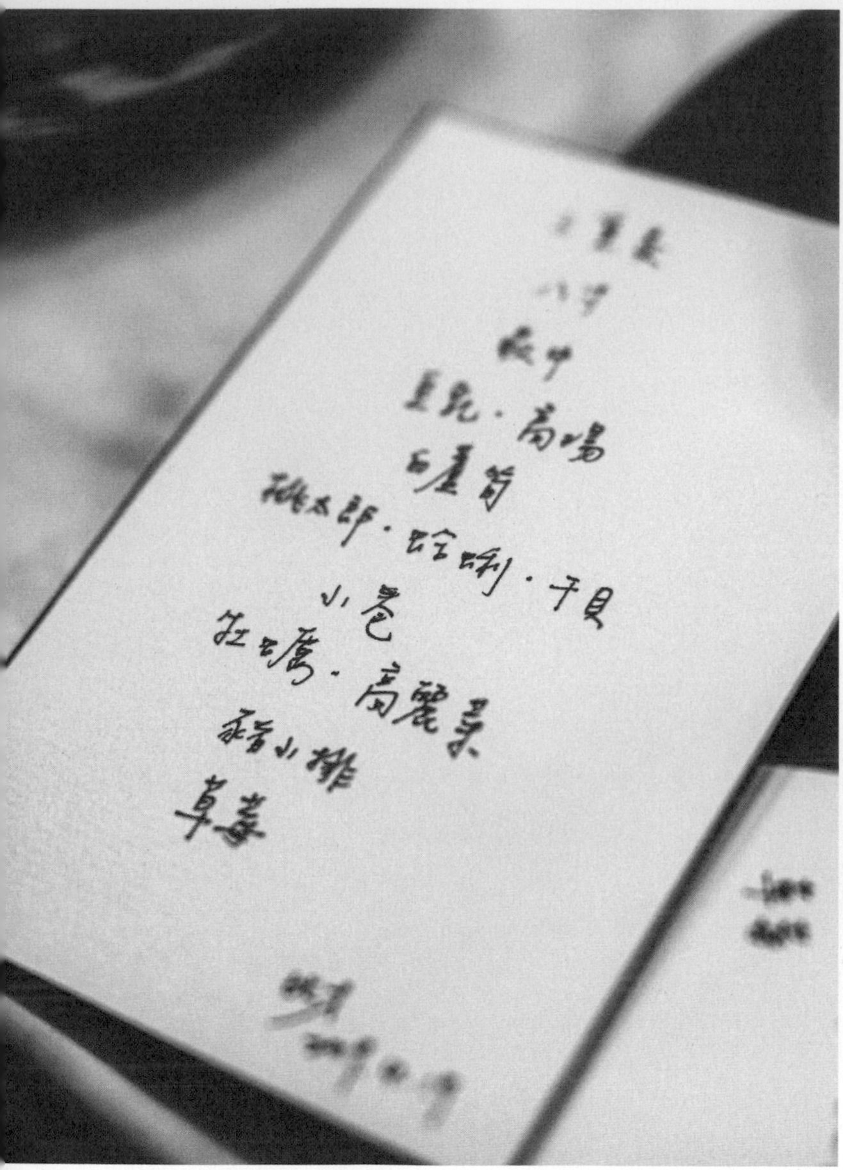

附錄

如何辦一場家宴？

雖然說宴請的都是家人朋友，但如何讓自己不要手忙腳亂，又能掌握時間坐下來好好吃飯喝一杯，還是有一些方法的。

設計菜單

最重要的當然是設計菜單。在規畫時，必須考慮到的層面很廣，例如要請幾個人？幾位男士幾位女士？有沒有小朋友？大家的食量如何？喜歡蔬菜或是魚肉呢？以上都會影響菜單的安排，所以在一開始時，就要清楚思考：想讓客人擁有怎樣的一場晚宴。

❶ 一人一份位上或以大盤上菜

一人一份位上，會有種尊榮奢華感，很像在外面吃飯，但缺點是氣氛比較拘謹，而且做菜的人很累，得一盤一盤擺盤。但都好，如果是熟朋友的話，用大盤裝盛其實比較輕鬆，大家可以很自在地自己來；如果來客有比較不熟的朋友或長輩，事先幫大家分好，反而比較沒壓力。

❷從冷盤到熱食，口味由淡到重

菜單中應該要有冷有熱，即使是冬天，我也會準備涼菜。整體菜單設計應該由冷到熱，只是夏天冷菜多一點，冬天就多做幾道有熱湯汁的湯或燉菜。

口味也是，一頓飯吃下來，調味不能全都清淡，也不能全都重口味，兩者都使人疲乏。我建議在規畫菜單時，就事先想好調味的平衡。不同調味風格的菜盡量不要重覆，比如不要每一道菜都是番茄紅醬味，或是醬油味，偶爾也要夾雜幾道帶酸的菜，才不會膩。

若是整體的調味都偏重，用餐中段可以送上一小杯清口冰沙，轉換味蕾；而若是整頓飯都走清淡路線，或許可以考慮在收尾的時候，端上一鍋重口味的湯，也可以準備比較濃郁的甜點。

❸季節食材優先，食材比例

食材的選擇當然以季節為準。發想菜單時，試著不要先想「我想做某某菜」，而是反過來思考「現在某某正是季節，可以做成什麼呢」。

除非客人中有飲食禁忌或吃素，不然我通常會平衡蔬菜、肉類與海鮮的比例，蔬菜一定比魚肉來得多。

❹成品與半成品

善用現成品與半成品，是請客輕鬆的要素。

我基本上不排斥罐頭，很多海鮮罐頭，如油漬、鹽水漬或照燒口味，若是搭配少許香料蔬菜或柑橘類直接上桌，就是簡單美味的前菜。市場或超市能購得的熟肉類、燉菜也都可以利用，加少許工，就變成一道好菜。

❺表演效果

菜單中一定要安排幾道能提早一天或半天完成的菜，比如燉菜、湯、醃漬涼菜等，這些都能事先做好，只要加熱或裝盤即可。

有些菜則可以做到一半，比如燉飯。燉飯從頭開始準大概需要四十分鐘，但若是在請客當天下午先炒到一半，等要上桌前再完成，就只需要十到十五分鐘，省時很多，在心情上也輕鬆。

建議大家保留一、兩道菜現場現做，製造表演效果。比如以噴槍炙燒、甩鍋（小心不要扭到手）、為某道小菜現磨烏魚子等，讓客人有機會讚嘆你的手藝。

列出完整待辦清單

辦一場晚宴，要準備的事情很多，更不用說採買的細節了。我通常會列出完整的待辦清單，包括採買清單、所有要做的事情準備，比如，退冰牛排、熬高湯、買花等等。愈仔細愈好，所有大小事都不要放過。

事項最好按照時間表列，若是週六要請客，很可能有些東西週三就要開始準備了，詳實地列出週三要做幾項事情、週四要做哪幾項、週五要做哪幾項，請客當天的時間順序又是什麼……。做完的項目打勾或劃掉，才能清楚知道還有什麼事要完成。

採買清單也需要分類，有些食材在傳統市場買，有些超市買，有的或許要上網訂購。在清單上分開條列，比較不會搞混遺漏。

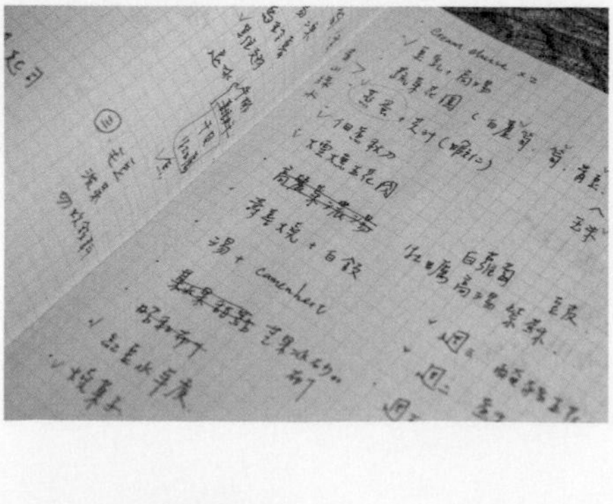

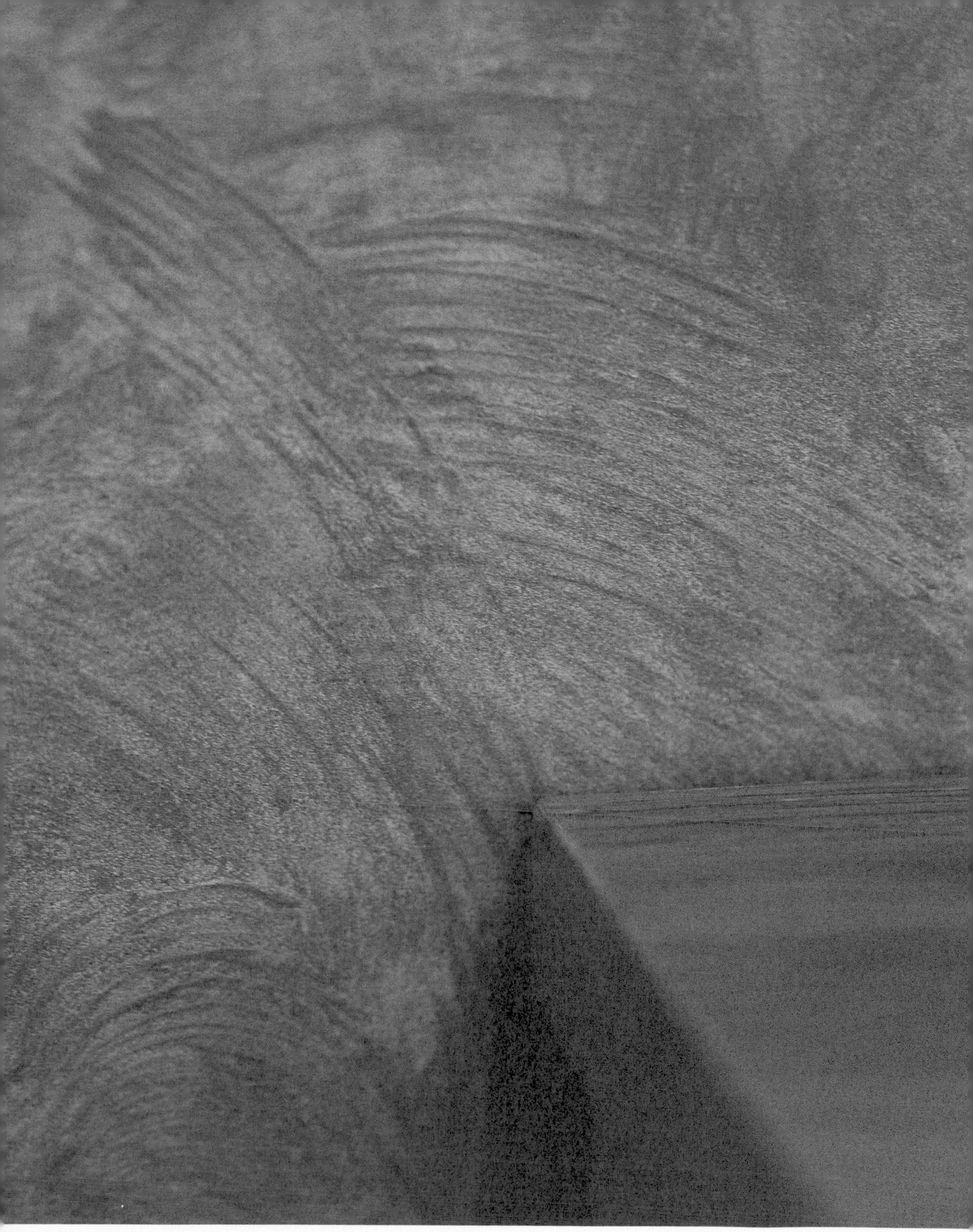

挑選餐具

我的習慣是在設計菜單時，就同時思考要用哪些餐具。

前面提到，在規畫菜單時要決定是位上或大盤分享，這時就可以開始一併挑選餐具了。在腦中想像每一道菜擺盤的模樣、色調搭配、分量，先把合用的餐盤挑出來。請客當天，提早從櫃中取出要用的餐具，放在廚房便於拿取的地方，這樣要出菜時才不會手忙腳亂，菜已經在鍋中熟透了，還得衝去餐具櫃找盤子。

我通常會事先清空烘碗機，把當天要用的所有器皿放進烘碗機裡，必要的話，還可以溫盤。

搭配酒水飲料

這整本書對於配酒已經談了不少了，重點就是——不能沒有酒。考慮當天客人的酒量、自己的酒量，比需要的量多備一到二瓶。再準備一種可以搭甜點的烈酒、咖啡或茶，就可以了。

如果準備的酒需要醒的話，請客當天，記得要提早開好酒。

在客人抵達前一小時換好衣服

這件事非常重要，但很多人都會忽略。

請客當天，有時候一忙起來什麼事都忘了，忘了換掉居家服、忘了梳頭、忘了放音樂、忘了開酒，然後電鈴突然響了……那就尷尬了。所以我會提早一小時換衣服、梳妝打扮完畢，才準備開酒、放音樂，擺好餐桌、插好花，在客人抵達前十五分鐘左右，開始做最後一刻才能做的開胃小菜。

接著，門鈴響起，家宴夜晚正式來臨了，做一個輕鬆優雅的主人，歡迎所有來家裡的朋友，一起喝很多很多杯。

4.5mm極厚鐵板提升食材美味

新潟県
燕三条製

Point 1 **在極厚鐵板特有的蓄熱性之下，才能煎烤出的專業料理**

● 市售薄平底鍋

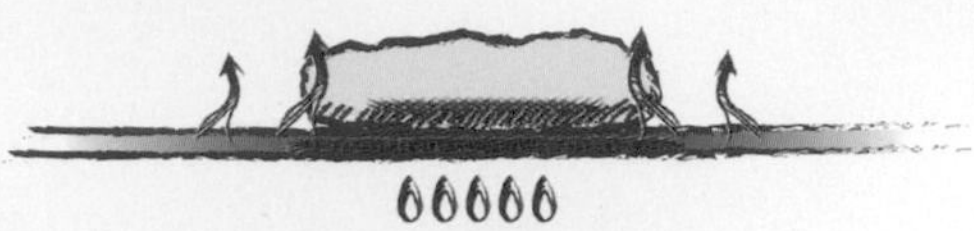

只能局部傳熱

● 大人的鐵板

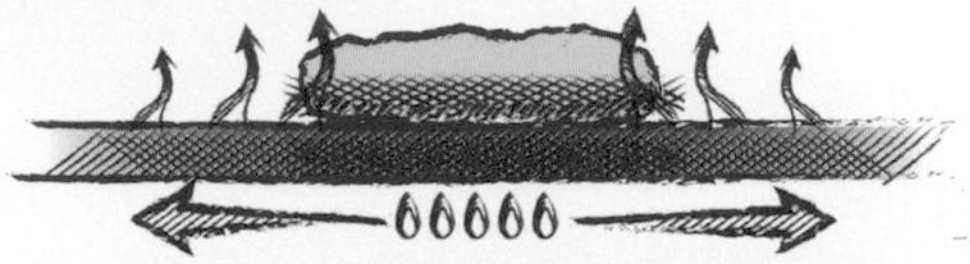

能整體傳熱

能將熱傳導到內部	市售的薄平底鍋只有在接觸到火的地方才會局部傳熱，容易烤不均勻。而厚的鐵板整體都會導熱，因此能不將表面烤焦的狀態下，把剛剛好的熱度傳到食材內部。
溫度不容易下降	蓄熱性高，一旦鐵板加熱即使將冰鮮肉片放上去也不會使鐵板溫度下降。瞬間煎烤肉的外層將美味封住，便能製作出表面酥脆內層多汁的口感。

Point 2 **高保溫力，在餐桌上品嚐猶如剛在鐵板上烤好的美味**

● 停止加熱後的溫度變化

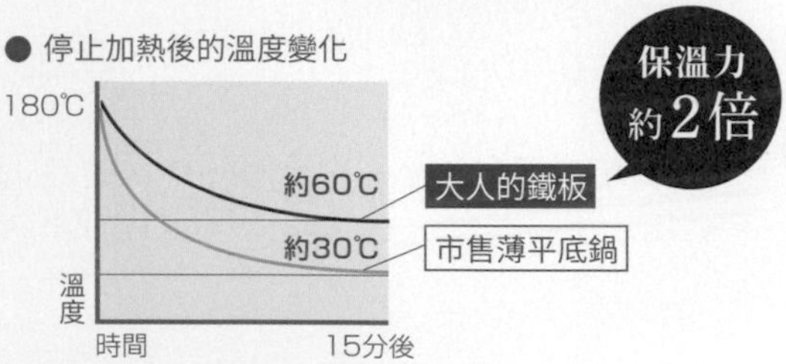

因為保溫力高，料理完直接將鐵板端上桌便可品嚐到持續保溫的熱食。

第一次使用前

使用廚房用中性清潔劑清洗乾淨後，請將鐵板表面「均勻上油」

使用廚房用中性清潔劑清洗

以中火加熱鐵板3-4分鐘後，將火關掉

倒入2大匙油，整體塗抹均勻後靜置冷卻

將多餘油分用廚房紙巾抹掉

小聚會

68道宴客菜，與朋友在家輕鬆喝很多杯（一杯怎麼夠）

Recipes for the Small Gatherings

文字．料理 —— 比才

整體設計 —— 吳佳璘
責任編輯 —— 施彥如

社長 —— 許悔之
總編輯 —— 林煜幃
主編 —— 施彥如
美術編輯 —— 吳佳璘
企劃編輯 —— 魏于婷
行政助理 —— 陳芃妤

董事長 —— 林明燕
副董事長 —— 林良珀
藝術總監 —— 黃寶萍
執行顧問 —— 謝恩仁

攝影 —— 林煜幃
—— 施清元
p4-5．6．7下．20-21．22．25．31．54．56-57．95、106．146-147．169．173．198-199．210-211．222-223．228．232．233．268．271．273．276-277
—— 比才
p36．37．65．85．112．160-161．162左右．163．196-197．208．234．242．246．247．248．252-253．256．257上下．258．261．266．267

策略顧問 —— 黃惠美．郭旭原
郭思敏．郭孟君
顧問 —— 施昇輝．林子敬
謝恩仁．林志隆
法律顧問 —— 國際通商法律事務所
邵瓊慧律師

出版 —— 有鹿文化事業有限公司｜台北市大安區信義路三段106號10樓之4
T. 02-2700-8388｜F. 02-2700-8178｜www.uniqueroute.com
M. service@uniqueroute.com

製版印刷 —— 中茂分色製版印刷事業股份有限公司

總經銷 —— 紅螞蟻圖書有限公司｜台北市內湖區舊宗路二段121巷19號
T. 02-2795-3656｜F. 02-2795-4100｜www.e-redant.com

ISBN —— 978-986-06075-9-8
初版 —— 2021年8月
初版第二次印行 — 2021年11月5日
定價 —— 480元

小聚會：68道宴客菜，與朋友在家輕鬆喝很多杯（一杯怎麼夠）．Recipes for the Small Gatherings
比才著 — 初版．— 臺北市：有鹿文化事業有限公司，2021.8．面；17 × 23 公分 ——（看世界的方法；195）
ISBN 978-986-06075-9-8（平裝） 1. 食譜
427.1 ············ 110010657